所向披靡 你的自信

〔日〕潮凪洋介————著

陈娴若————译

中国友谊出版公司

图书在版编目（CIP）数据

你的自信，所向披靡 /（日）潮凪洋介著；陈娴若译 . —— 北京：中国友谊出版公司，2020.10
ISBN 978-7-5057-4887-3

Ⅰ . ①你… Ⅱ . ①潮… ②陈… Ⅲ . ①自信心 - 通俗读物 Ⅳ . ① B848.4-49

中国版本图书馆 CIP 数据核字 (2020) 第 044608 号

著作权合同登记号　图字：01-2020-3938

ORENAI JISHIN WO TSUKURU 48 NO SHUKAN
by Yosuke Shionagi
Copyright © 2013 Yosuke Shionagi
Simplified Chinese translation copyright © 2020 by Bejing Standway Books Co., Ltd.
All rights reserved.
Original Japanese language edition published by Diamond, Inc.
Simplified Chinese translation rights arranged with Diamond, Inc.
through Rinch International CO.,LIMITED

前　言

唯有自信，才能让你成为更好的自己

本书所写的是培养"自信力"应养成的四十八个习惯。以我的经验为基础，以"不论从何时、何处开始，任何人都能做得到"的条件严选出来。

选读本书的你，现在也许正处在某个瓶颈期苦苦挣扎，也可能正在舔舐失败的伤口，对任何事都没有信心，总是感到不安。

但是，没关系。我希望你放心。

你一定能建立压不垮的自信。

虽然有点冒昧，但我想请教你一个问题：关于"自信"，你曾经这样想过吗？

"充满自信真令人羡慕，但我永远学不来……"

"自信不是与生俱来的吗？"

很遗憾，这两点都是错的。

并非什么"与生俱来"，任何人都能拥有自信。

强化心理，并不困难

现阶段，我以"恋爱""自由人生"为主题，在报纸、杂志、书籍等刊物上写作和评析，同时也通过演讲会和广播节目，与三十万以上的民众交流。此外，我还做活动策划，为 GIVENCHY^①和 JTB^②等各类型的大企业、媒体，以及行政团体策划合作活动，展示自己的实力。

大学毕业后，我一再换工作、创业，三十二岁时还背负着五千万日元^③的借款。经过几番迂回曲折，现在终于能在无贷款的状态下经营事业。

一面相信成果，一面交出成果。多元化地经营事业，休假时就和家人、朋友一起度过美好的假期，我对此乐此不疲。

一再经历各种挑战、失败、东山再起，曲折的经历却让我得出了非常简单的强化心理的方法，那就是累积**"小成功"**。

---

① GIVENCHY：纪梵希，来自法国的国际时尚品牌。
② JTB：日本 JTB 集团株式会社，是日本最大、世界排名第二的跨国旅游集团。
③ 1 日元（JPY）≈ 0.0661 人民币（CNY）——编者注。

"自信"是什么？

这里，我想先解开大家的误会。自信并不光是"我可以做到这点！可以做到那点！"。如字面所述，自信是"相信自己"，是肯定自己"这样很好"。这才是自信。

相信自己，并不是说"我完美无缺！""我很了不起"，而是能**清楚认识"自己能做什么、不能做什么"，并且坦然接受。**

回到主题，那该怎么做，才能"相信自己"呢？

人活在世上，依据的是既有的经验。因而，过去的成功体验会联结到信心；过去的失败、创伤则会阻碍信心的产生。

让自己喜爱自己

总之，若要相信自己，就只能"给自己成功体验，提高自我肯定感"。重点在于不要把成功体验想得太夸张。

"让久攻不下的交易商点头同意。"

"完美达成公司内部的大计划。"

"完成了长达一年的策划项目。"

的确，这些都是能增加自信的成功体验，但是，它并不是那么容易实现。

只有没有自信的人，才会想**"一口气"**做件**"大事"**，**然后惨遭失败。**之后又对失败感到消沉，认为"自己没用"。

这里，我希望你思考的是获取"成功"的方法。例如下列的事不能叫作"成功"吗？

"写完一张策划书。"

"比平常多打三通业务电话。"

我希望你可以把这些当成**招来大成功的"小成功"**。

越是"没有自信""做任何事都害怕"的人，越是要转换思考。它可以让我们学会自我肯定，而自我肯定就是自信的源泉。

即使你正处在人生的谷底，也希望你不要责备自己。

然后，我希望你尽快养成专注于"小成功"的习惯，帮助自己喜爱自己。

不论何时何地，都能建立起自信

开头我写过"不论从何时、何处开始，任何人都能做得到"。本书就将从各个角度来介绍"达成小成功的方法"和"提高自我肯定的方法"。

以前，我因为欠了一屁股债，差一点就要被击垮，不管做什么事都感到厌倦。在叫天天不应、叫地地不灵的困境中，我做了一些事，让快被击垮的自己奋起。我希望各位能把它当作做健身操，每天持续练习一个个动作。然后，拥有一颗柔软的心。

学会自信，让心坚强并不困难。重要的是，如何解释眼前的现实，并且展开行动。

过去的事不需再想，接下来，就请进入本书，开始为未来累积小小的成功，走向今后充满自信的人生吧。

目 录
CONTENTS

第 1 章
持久自信：掌握人生主导权

第2章
强化心理：获得勇敢者的智慧

第 3 章

自我本位：成就了不起的你

第4章
能力精进：触发无穷无尽的可能

第5章

刻意成长：打造压不垮的自信

第 **6** 章

即刻行动：塑造"崭新自己"的八个习惯

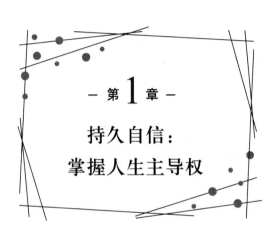

－ 第 1 章 －

持久自信：
掌握人生主导权

01　产生自信的三个循环元素

获得自信的过程中，有以下三个循环元素。

"展开行动""确认结果""自我肯定"。

反复这三个元素的循环，可以让自信更加坚固。希望各位能牢牢记住。

这三个循环元素从哪里开始都可以。"展开行动，得出结果"可以，"面对某些结果，沉浸在自我肯定感中"也行。

但我希望自认"就算作者这么说，但我还是畏惧迈出脚步，也不会有成果"的人，先从"自我肯定"开始。

请一次又一次地确信"没问题！一定会顺利！"。换句话说，**自信就是相信自己的力量、正向的思想**。然后，我希望你能抱着"我想做那件事，我想变成那样"的念头，哪怕只有一点点也无妨。

"我们的人生是我们的思考所创造出来的。"

这是古罗马帝国有"五贤帝"美誉之一的马可·奥勒留皇帝说过的话，而它也是人生中极为重要的真理。

我们用更具体的方法来思考吧。

举例来说，对业务没有自信的人，请想象"自己成为顶尖业务员的神情""自己信心满满地面对主客户进行业务推销"。这时候尽可能让影像在脑海中浮现。影像越具体，越能产生强大的力量。

小孩子是这方面的高手。可是长大之后，不知为何却变得困难起来。那是**因为大人都具备了大人的智慧，像是"用各种道理思考""想象一下做不成此事的后果"**。我希望各位能检视一下，自己是否能做些正向的想象，像"这种事办不到吗？""做到的话一定很有趣！"。不仅对工作，而且对获得快乐、有意义的人生来说，这种想象都是不可欠缺的。

只要稍微拥有自我肯定感，接下来就要起而立行了。但是在此之前，我希望你做一件事，就是定一个"小目标"。

"认真做一份提案试试看吧。"

"先打一通电话给客户吧。"

越是简单、容易达成的目标越好，这是"准备一个可以稳稳踏上去的小阶梯"的概念。

其次是确认结果。我希望各位咬紧可达成的小目标，重新"肯定自己"。把小目标写在日记里，每当达成时就标记上"OK"或"达成"，提高自我肯定感。

在具备这种程度的自我肯定之后，趁着影响正在发酵，进入下一个"行动"。然后，只要反复做好这三个元素的循环就好了。

没有自信、一直退缩的人当中，许多都不擅长"展开行动""确认结果""自我肯定"。

最大的原因在于"想一次做好很多事""想一口气获得大成果"。这会成为成功的障碍。

如果目标本身设得太高，挑战时心里就会隐约觉得"大概没法成功"，最后当然不顺利。这对信心将是一大打击。没有自信的人，每往上爬一步，都应切实地植入自我肯定感。

现在，请面对你留在心里的所有畏惧，套入"这个公式"试试看，一步一步地往前走吧。

※ 有自信的人，每往前一步，都会提高自我肯定感。

※ 没自信的人，想一口气冲到最顶端，反而陷入自我否定的陷阱。

爱自己的简单规则

　　偶尔一次小小失败，就沮丧地以为"我不擅长这个""那个跟自己不合"；又或是钻牛角尖地认为"自己一无是处"。人类就是这样的动物。

　　只不过是短期内发生的负面事件，就可能让我们抹杀对整体的印象，而下了"做不到""没办法"的定论。

　　丧失自信大多都是源自自己的偏见，其实只不过是自己的妄想罢了。

　　偏见的作用十分巨大。有可能在你踩油门为人生加速时成为一股刹车力量。

人是会思考的动物。若是具有正向的信念，就必然能还原到正向。负向的信念，只能带来负向的结果。

就算你有做不到、无能为力的原因，但只要它没有数据根据，就不值得相信。因此，绝不能与"自以为是的自我否定"打交道。

这里我想谈谈偏见的真相。

现在，你认为自己有把握的领域是什么？就算是一点点也行。

"我有信心取得资格考试。"

"我有信心在公司内建立起人脉关系。"

你这么认为。但是，这些很有可能也只是你个人的偏见。许多时候，从前的成功经验支持了这种偏见。然而，以前屡试不爽的经验，并不表示下一次也能帮你获得成功。运气不好时会失败，你在"拿手领域"的自信，也会完全覆灭。

我们不知道一秒钟之后会发生什么事。没有人可以向你保证一定会一帆风顺。你所怀抱的自信，只是单纯的自以为是罢了。

人们总是会把偶然成功的事，错以为是自己的"实力"。证据就是到处都有人一辈子吹嘘他靠运气考上的名牌大学。

所以我们可以知道，**拥有自信和丧失自信，其实都是自以为是。**

我们再从另一个观点来探讨偏见吧。

举例来说，假设你是个复印机业务员，得到了和客户洽谈的会面机会，但是最后没能签约。回到公司，上司对你说："辛苦了。虽然很遗憾，但也没办法。今天直接回家，好好休息吧。"

如果你是个能把对方的话听进去且不多想的人，应该会认为上司在安慰自己、给自己打气吧。

但如果是个精神过度敏感的人，他可能会解读为"因为我没有用，所以才叫我早点回家吗？""口头上叫我早点回家，但商品没卖出去，话中之意应该是要我更加努力吧。"

对别人的话如何解读，其实跟听者的精神状态，也就是"自以为是"的程度有很大的关系。

一句没有恶意、从安慰出发的话语，却在自己心中做了扭曲的解释。这可以说是世上最大的浪费。

请学会建立对自己有利的"偏见"吧。

"自己是世界的主角"，有这样的想法很好。

正是"偏见"改变了你的人生，正是从这里产生的自尊心，能唤起你对下一个目标的热情，并且使人成长。此外，如果因此而一路顺风，就能得到更高的自信。

※ 有自信的人，会从有利自己的"偏见"中得到力量。

※ 没自信的人，只会从负面解释现实，让自己继续烦恼。

从"频繁的不安定期"
获取绝对自信

多年来我见过许多"充满自信"的人。

他们大多全身上下充满清爽的气息,人人都很活泼。因为他们是社会的成功人士,所以才这么有自信吗?还是因为年收入很高,外形俊美?又或者是因为学历显赫?

其实这些"充满自信"的人物,未必都有高学历、高收入或闪亮的头衔。你不妨找几个人问问:"你以前就这么活力十足,时时充满魅力吗?"

面对这个问题，许多人都会摇摇头。几乎所有的人都曾有过不知所措的苦恼的过去。而且他们**"迷惘的时间"比一般人都要长得多。**

二十几岁时换了三四次工作的人；为了寻找自我，住在爸妈家里当打工族的人；二十多岁遭到裁员的人。

不知为什么，很多人都经历过"不安定的过去"。

其实，正是在"频繁的不安定期"中，隐藏着他们拥有自信态度的秘密。

表面看来他们四处闲晃，但其实他们只是不想妥协，仍想脚踏实地去寻找最适合自己的生活方式。到了最后，终于能坦然说出"这么生活我愿意"。

从许多选项中一再地取舍，适度地犹豫，然后选出最好的，最后欣然接纳。所以，他们才能表露出自信。

若想活得自信，就要像有他们那样"适度地犹豫"。

各位不妨实际地去体验各种选项吧。

从少数选项中决定生活方式，有其风险。因为凑巧送到面前的事物，有可能并不是你最想追求的。

抱着信心，找到"合适"生活方式的人，总是充满着"十足的自信"，这无关乎他们的收入、头衔、学历、事业等。而从少数选项中决定生活方式的人，总是莫名地对自己没有信心，永远在"这么做真的好吗？"的自我怀疑中活着。

有一位三十几岁的先生，开朗，有时尚品位，总是顾及所有人，喜欢广结善缘。到了派对等现场，也能敞开心胸跟所有人快乐交谈。他全身充满了自信。

但是，过去的他，高中就退学，做过各式各样的兼职，在工地和便利店等各种场所打过工。他说以前对未来的前途很焦虑，由于他总是这儿做做，那儿晃晃，所以父母也十分为他担心。

不久，他靠着自学取得高中毕业资格，进入一般公司就职，只是不久后就辞职离开。最后，他终于找到心目中理想的工作，那就是活动或展会的舞台设计与道具准备工作。

进入那一行到现在，已经过了十年，他不但是个人事业主，也与许多外部人员组成经营团队，沉浸在丰富的事业生活中。

在寻得"合适的状态"之前，一再去经历这也不是、那也不是的状态吧。遇到真正适合自己的生活方式时，你就能得到坚定的自信。

※ 有自信的人，不断尝试不同工作，直到找到最"合适"的。

※ 没自信的人，骑驴找马，郁郁不得志。

04　心情沮丧时的"特效药"

试着刻意重复"小成功"，光是这个动作就能确实激发你的信心。做一些别人不愿做的小事，有可能你会有意外的收获。

公司里的工作不可能事事顺利，也很难百分之百按照自己的节奏来推动。有时可能被上司挑出错误，也可能是消费者并没有产生预期的反应。这时候，人会感到特别疲乏。不管过去有多少成功经验，自信心也会一点一点地被磨损。

在这时候，最需要刻意地给自己一些"成功经验"。不要把这些"成功经验"想得太难。下面这几种方法，都能让你获得"成功经验"。注意，**越日常越简单的事情越好。**

比平时早一小时上班。

把房间（或桌上）打扫得一尘不染。

挑战减重一公斤。

发信息（邮件）给最近没有见面的十个朋友。

学习一小时。

这个练习的目标，在于给自己"完成了！""真开心！"的情绪。

因此"一小时就能看到成果"或"稍微努力一下就能体会到成就感"的工作最合适。心情沮丧时，快被击溃时，请一定要来一帖这种"特效药"。

在"前言"中我说过，"自信＝自我肯定感"，可是受过伤害的人，一定非常缺乏自我肯定感。"我一无是处！"——他会这样责备自己。而我的处方，就是要把这种状况导回正轨。

我建议你列个"心情低落时这样做"的清单。当然，每个人拿手的事、想做的事各不相同，希望你能列出适合自己的清单。

试着建立属于你的专用清单。而且不要只在心情低落时用。不妨把它养成习惯，记录在笔记本上，某天你会发现，"哇，持续做了这么多！"从而提高自我肯定感。

举例来说，"以一星期读一本书的节奏读书""早上起床的话，专心做十五分钟伸展操"等都不错。

若是诸事不顺，自信被打击的时候，以我来说，多会办些餐会或派对。因为我对这种活动很拿手，一定能从中得到成就感。

在聚会中，可以建立工作、朋友，甚至恋爱的缘分，朋友们一定会向我报告："很开心""遇到不错的对象""有了新的工作机会"等。当然，参与者的笑容就是最好的"回报"。一年当中，我会举办好几次这种活动，偶尔一个月内就会举办数次。从中体会成功经验，让自己又再次充满挑战的雄心。

伤心、痛苦的时候，请累积"小成功"。把完成清单当成收藏品来检视、欣赏。光是这样，痛苦的心就能变得轻松。

※ 有自信的人，靠着"立竿见影"来补给能量。

※ 没自信的人，一味挑战"困难"，饱尝连败纪录。

05　让"敏感"成为你的最强武器

"啊，自己为什么会为这种小事耿耿于怀呢？"你是否曾有过这种烦恼？

不过，没关系，这种"敏感"可以化为武器。

第一个步骤，是重新看待你的"敏感"。为小事耿耿于怀，请把它视为"自己的感受性太丰富的关系"。如同一位雕刻家所言，**"上帝藏在细节中"，小事或没有人注意的事情，才隐藏着事物的本质。**

把自己的弱点当作强项，并为它感到骄傲。如果能达成这种切换，人生会活得格外轻松。

我希望各位能对这个特点有信心。因为越是"心灵软弱，乍看敏感的人"，才越具有令人着迷的潜在能力。

因为这些人懂得别人的痛。他们能感受到其他人的痛苦、辛酸、不安，而这些都将成为他们人生的一大笔财富。

此外，丰富的感受性也会转变成生活的力量。世上有许多需要发挥感性的职业，像咨询师、设计师、作家、广告人等。这些职业全都得靠着丰富的感性，少了它，就无法将工作做得出色。

若是"讨厌自己为小事耿耿于怀"，请提醒自己一下，**对自己的"敏感"多一点自信吧**。它会成为一个有力的武器。

改变了对"敏感"的看法后，就可进入下一步骤——"外部的强化"。

这一步的重点在于"改变他人的认识"。**在工作上，在私人领域中，他人的评价和认识才能"建立你自己的形象"**。

举例来说，如果你是个性格"敏感，容易受伤的人"，那么周围的人自然也会以这个形象来看待你。在这种状态下，"敏感"很容易被当成负面的形象。

较理想的方式是，他人认为你"虽然敏感，但是非常坚韧，也拥有积极阳光的一面"。

该怎么做才能得到这个评价呢?

最立竿见影的方法,就是在一两个月内疯狂地投入工作,快速改变"他人评价"。休假日也上班,不表露倦容,精力充沛、笑容满面地专注于工作。这么一来,大家会渐渐认为"你热爱工作,是个认真的职员""责任感很强,是个工作上的好手"。

尤其是那一两个月,每个第一次与你认识的人,都会这么认为。不久,你自然会表现出"干才"应有的言行,慢慢增加自信。而大家也会忘了你"敏感、容易受伤"的负面形象。

甚至,大家对你原有的"敏感"特性,不知不觉也产生了正面看法,转变为"机敏""善良""体贴"等形象。

提到增长自信,每个人都会想象成在不为人知的地方,努力下苦功。但是,别人都不知道的状况下,自信增长的速度会很慢。事实上,你给周围人的印象对自己自信的增长十分重要。

借由他人评价的改变,我希望你能拥有"维持自己强项"

的自负，并且为了达到这个目的，做出种种努力。而最后的目标，是成为一个能感同身受，而且能融入环境的强者。

※ 有自信的人，让"敏感"与"坚韧"同时存在。

※ 没自信的人，终其一生都是"敏感而易于受伤的人"。

06　完成比拿满分更重要

"我一定要拿到一百分！"

单是这样想一下，便会感到肩头责任重大。在承受巨大
压力，甚至紧张焦虑的状态下，很难得到什么好结果。

试着做做看，也许可以得到五十分、六十分，但若是因
为拿不到一百分就什么也不做，最后得到的就是"零分的
结果"。

这正是满分主义的缺点。心有同感的人，**请不要以满分
为目标，请"先试着做做看"**。我想用成立风险企业，或是

开始新兴事业作为例子。由于设定七十分的完成度就能通过，所以最重要的是抱着自信。像是：

"只在周末营运的环保商店！"

"在公司内开发新项目！"

"在网购网站上售卖有趣的手工艺作品！"

什么都行。因为"七十分的状态"就能通过，请尽量大胆去做。重要的是，实际上也要以七十分的状态执行策划案。

若是有人能从你的策划中感受到浪漫色彩，就会出现赞同者。

"够吗？""要不要帮手？"……出现为你担心的人物时，你就可以顺便物色新成员。

重要的是，**"完美无缺的计划"或"一百分的计划"都不如一个未完成的计划案更容易集中"力量"**，而且，未完成的案子也较能启发新的创意。

在执行策划时，这会给你带来很大的自信。一个人做，会感到不安，而且想法上也容易有偏差。总之，先动手做做看，往前迈步的过程中，再召集伙伴。这么做，将比没做好百百准备，一直在原地等待的人更能得到成果。总之，先画一个大饼，备好六到七成的成员和需要的物资，然后发表宣言，跨出第一步。

不只是开创事业，在日常生活中也可以运用这个方法。

"没有信心可以完美达成眼前的工作……"像这样的人，请都别以一百分当作目标，只要把事情顺利做完就行了。

七十分就可以过关，所以请坚持完成到最后。就算粗糙，就算完成度低也没关系，因为即使如此，你还是冲过终点线了。

总之，不要把完美当成目标，先让自己感觉到坚持到底的完成感就好。

"没有信心做完，所以一直拖延着的工作""放弃的挑战"……这些都不妨试着用七十分主义做做看。改正或完善的部分，事后再做就行。想着"拿到七十分就很理想了"。

扎实地做好准备，最后拿到一百分非常了不起。但是九成的人都满足于"为了拿到一百分而准备"，后续却没有动作，最后什么也得不到。

你所欠缺的，是踏出"最初一步"的勇气。虽然想一步登天，拿到一百分，却又因为目标与实力的差距而感到畏缩。

快从这个漩涡中逃离吧。用七十分思考比较容易短距离冲刺，请先暂时奉行七十分主义去展开行动吧！

※ 有自信的人，贯彻七十分主义，不论什么样的工作，都是边进行边思考。

※ 没有自信的人，害怕行动，永远都处在准备状态。

07 自卑感是你独一无二的"财产"

　　最大的弱点，在被克服的当下，就能变化成最大的"强项"。如同受伤的皮肤，经由自然治愈后会变得比原来厚。

　　但是，如果你的弱点是"数学很差，而且自己又讨厌数学，实在没办法去努力提升"的话，那就没法培育为"绝对的长处"了。

　　使自尊心荡然无存的自卑感，只要铆上全副精力去克服，它就能成为最强的武器。

　　这种自卑感是你日夜都厌恶自己的根源，正因为如此，你必须集中比别人多十倍甚至百倍的精神去克服。而当你通过一到两年不断地努力后，你所克服的部分必然能成为你"最强的武器"。

把"最大弱点"转变为"最强武器"的人比比皆是。其中奠定日本民主主义基础的大正民主领袖——吉野作造即是其中之一。他倡导民本主义，以演说打动、鼓舞民众，是一个改变社会的思想家。然而，据说他以前在求学时，只要被老师点到名，就会面红耳赤，说不出话来。

拳击手内藤大介据说小时候曾受到肉体的凌虐。然而，他却成为身心都最强韧的男人，并且靠此赚取奖金。

你有什么难以忍耐、几乎撼动人生的自卑感呢？我希望你仔细想一想。

口舌笨拙、患有社交恐惧症、曾遭受过霸凌、身体素质差、性格软弱、朋友少、没有和异性交往的经验、没有钱、学历低、工作做不好等。

让你生活不下去，危及存在价值的自卑感是什么？你可以想象得到吧？

不要闪躲、勇往直前地克服它。

有一位少年时期酷爱飙车的先生，他不爱念书，高中便退学。**长大之后，他有了强烈的学历自卑感。但是，他阅读**

了大量的书，结果他总是会有比周围任何人都更有逻辑、更具创意的想法。现在他是个经常来往世界各地的经营顾问，而且也成为投资家，一家人都很幸福。

说到我，二十几岁时，我非常害怕做商业简报，对它有着恐惧情结。我可以在大家面前唱歌、跳舞、演闹剧，但条理分明的演说却做不来。因为讨厌发表报告，连大学的研讨会都没去。学生时代这么做无所谓，但是一旦成了社会人，无法做商业简报，就意味着你没有工作能力，也没有赚钱能力。

有一次，我请求一位非常擅长商业简报的朋友，让他帮我进行一次集训。我接受了几个月的简报训练，不断在错误中学习。后来，我把撰写策划书和简报，看得比什么都重要。

时至今日，商业简报已经成为我的拿手绝技之一。

曾经那么讨厌简报的人，竟然变成了人们眼中教授简报术的研习讲师。

请直接面对缺点，从中选出"绝对想改掉的毛病"，然后面对它。

正因为是撼动人生的致命弱点，才能成为改变人生的关键性优点。

※ 有自信的人，面对自卑感，加以克服。

※ 没自信的人，对牵制自己的弱点视而不见。

08 **收获自信的"幸福标准"**

只有在某件事物被破坏时，才有建立新幸福标准的机会。

裁员、业绩不振、背叛、人际关系的压力等，人生中总有许多不得志的时刻。

如果现在你正面临着运气不佳的状况，那就是诞生新幸福标准的机会。心中承受某种打击，出现了一个大大的空洞，这种时候，你不妨重新思考一下"真正的幸福是什么？""自己想要的是什么？"。

法国哲学家阿兰的著作《论幸福》中有一段话是这么说的：

"不是因为成功而满足，而是因为满足才算成功。"

幸福没有绝对的标准，毕竟幸福只存在于个人的心里。

如果你现在处于很难拥有幸福感的状态，建议你好好静下来，思考幸福的标准是什么。

例如，如果你的幸福来自飞黄腾达和得到人们尊敬。

那么不妨改变一下，试着从与情人、朋友、家人互相信赖，从每天的快乐生活中去感受幸福。

试着从增加财产中得到生活价值与优越感的生活，切换成有效运用金钱，不以存钱为唯一目的的生活。

暂时设定一个跟从前截然不同的新幸福标准吧。

然后，会发生一件奇妙的事，以前捆绑你的忧郁，将如梦一般消失。

"这是幸福！"——很多人用这样的标准绑住自己，令自己痛苦。而且也有不少人因此失去信心。

"在工作上百战百胜就是幸福！"

"薪水年年高升，才是幸福的标准。"

"飞黄腾达、出人头地才是幸福！"

抱着这样的标准，最后却连自信心都丧失时，就是建立新的幸福标准的时候。

不要再把已经过时的幸福标准，勉强套在自己身上。

以我来说，这十几年来，幸福的标准不时在变化。

二十几岁时，到大企业就职，或是赚大钱，让我觉得幸福。然而，渐渐地，这个标准转变成"把喜欢的事当成工作，开心地做它"。

到了三十岁中期，我从只有自己成长的工作立场，转变为"培养新人表现的立场"。三十六至三十七岁时，我接到各种类型的业务，来自各媒体的采访、书籍的撰写、活动、演讲等，明显处于工作过量的状态，最后因为疲劳过度而住进医院。

趁着这个机会，我把工作模式从"不论大小都一手包办"转变为"交给别人，请别人运作"，同时我也收获了"培育人才"的喜悦。

在这样的转换接点上，横跨着某种"负面元素"。

但是现在想起来，那正是应该转换"新幸福标准"的预兆。而每到那时，我就确定新的幸福标准，改变每天的行动、习惯。如此一来，我就能建立"新的自信核心"。

就像世间的价值观时时在变动，个人的幸福价值观也应该改变。

一旦感受到新的幸福，新的自信也都会——累积起来。

※ 有自信的人，不断调整自己的"幸福标准"。

※ 没自信的人，执着于一个固定的"幸福标准"。

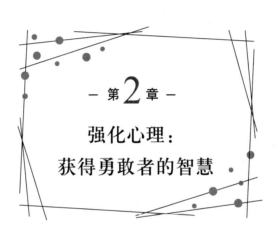

- 第2章 -

强化心理:
获得勇敢者的智慧

01　懂得自嘲的人，都有一颗强大的内心

所谓人际关系，不是彼此摆架子、显威风，而是只有在彼此相视而笑的瞬间，所谓的人际关系才能真正开始发挥作用。

尤其在因"出糗的部分"彼此对笑时，双方心里才会放松下来，才能开始你们的友谊。而一直绷紧神经的话，不但自己辛苦，双方关系也会很紧张。

当然，在生意往来的现场，必须取得对方的信任。为了将自己的价值如实传递给对方，有时候也必须夸大表现。但是，那终究只不过是为了生意所做的表演。

这种只会耍手段的表现一旦成了习惯，就无法建立真实的人际关系。在某个意义上，它是种隐藏弱点的行为，因为它也同时隐藏了真心。

还是别再想着摆架子装酷吧。也别再假装一副万事通的模样了吧。

其实，归根结底，你没有自信的原因就在这里。

你隐藏了真正的自己，隐藏了会被人取笑的自己。因为你习惯隐藏，所以才没自信。

把自己的弱点暴露出来，然后一笑置之，真正的自信才会从天而降。

试着把你能想到的最糗的事说出来看看，就算觉得"这种事说出来，一定会被人取笑吧！"，你的心，一定也会顿时轻松很多。

我有个朋友 H 君，他很不习惯和初次见面的人谈话。总是对自己说的话没有信心。

他声音小，声调没有高低起伏，不是能带动周围气氛的性格。但是，他利用下面的方法，让自己成了有独特风格的社交达人。第一次见面时，他会先想办法嘲弄自己，把弱点先亮出来，营造出让对方不得不笑的气氛。

H："哎呀，我这个人啊，最不会说话了。"

对方："不会吧。哪有这种事。"

H："既不会即兴表演，也不会看人脸色。"

对方："真的吗？"

H："老实说，我喜欢有人开我玩笑或是吐我的槽，至少还有个存在感，别人不会把我当空气。"

对方："是吗？好，那我就不客气喽。"

他笑嘻嘻地调皮了一下，对方也不自觉地笑起来，气氛随之缓和许多。

以他来说，对谈之中确实会有尴尬的场面出现。但是，就算"气氛怪怪的"，对方也会把它当成笑话看，所以，压力不会累积起来。于是，每次见面，都能与对方产生毫无隔阂的良好关系，从而建立起和善的人际关系。

这种开放的氛围，不久开始渲染开来。他周围的人全都自在地展现自我，充满开放而轻松的气氛。"一笑置之的伙伴"越来越多。

很多人为了维持自己的信心和自尊心，隐藏了弱点，或是拒绝别人开玩笑，这反而是没自信的生活态度。

愿意自嘲的人充满魅力。敢于暴露自己的弱点，你的自信心也会大幅成长。

※ 有自信的人，暴露自己的缺点，建立自由而坦荡的立场。

※ 没自信的人，害怕被别人讥笑，过着心惊胆战的日子。

02　置身紧张情境，才能让你得到锻炼

没有紧张的工作生活，你的大脑就会快速退化。

肌肉不用，体格会衰弱。"心"也是一样。

在每天的生活中，是否会定期出现令你紧张的场景？

如果你的回答是"NO"，你已踏进危险地带。

没有紧张感的日子，刚开始时很愉快，但是不久后，就
会感到停滞不前。请为自己设置一个日常的"紧张"场景，
给自己一些负荷吧。

紧张时的忐忑不安，会告诉你"这是一决胜负的时刻"。
此外，"紧张"的状态，也是你认真面对的证明。如果抱着

可有可无的心态，你就一点也不会紧张。

觉得紧张时，不要感到不安，应该给自己打气："这是成长的机会！"虽然怀着紧张，但当你一再面对竭力完成的工作，渐渐就会习惯。

紧张感会麻痹，不管多强烈的紧张感都会消失。每超越紧张一次，就可以向新的层次发起一次挑战。

这样来回反复后，你的自信心就会变得牢不可破。

走上"以往经验都行不通"的舞台吧。向"成功经验用不到"的世界发起挑战吧。尽管双脚颤抖，还是勇往直前地做做看吧。

在工作上，争取参与会议和发言的机会。

主持读书会。

和客户约个时间谈谈新案子。

做什么都可以，但首先要跨出第一步。

我想说说自己辞去工作去创业的事。那时候家里充斥着两岁女儿和未满周岁的儿子的哭声。下个月的收入就是零了。但是，吃的用的等生活费，还有房贷都在等着我付钱。光是过着普通生活，每个月几乎甚至上万块就这么很有规律地从账户里消失。账款若是拖欠，好不容易买下的房子就会被收走。

为了糊口，我开始从事已有少许经验的"宣传"工作。这份工作顾名思义，就是"招揽媒体采访客户"。带着媒体来，请他们免费写新闻稿。我的工作就是接受这种业务委托。制作名片、业务纲要、价格表，天天为开拓客户而奔走。

　　一连串紧张的生活开始了。工作不是签到合约就结束了，还必须请媒体来采访，否则就不算完成。因为是免费采访，所以若是无法让记者体会到客户商品和服务多么"具有新闻性"的话，他们是不会来的。

　　为了打电话给不认识的媒体央求面谈，我使尽了浑身解数。拒绝见面的负责人多不胜数，被挂断电话更是常有的事。还有人怒吼："别再打电话来了！"但十个中有一个给予了采访机会，自己的报酬便会增加，客户也能面露喜色。

　　这种推销经营做了一段时间后，紧张与害怕渐渐减少。但是，客户的要求和责备却成了家常便饭，有苦说不出，好几次都想算了，不干了。但在这种攻防战中，我渐渐获得了"自信的盔甲"。等我意识到时，每个月已经有定期收入了。

　　多亏了这历练，在我开始成为"写手"之后，也还是会打电话向素未谋面的媒体、企业推销，做策划提案，商量业务合作。这些都成了我最拿手的强项。

对于向不认识的人推销自己，我有着坚不可摧的自信。

※ 有自信的人，时时设置"紧张的舞台"，让自己得到锻炼。

※ 没自信的人，不时从"紧张"中逃脱，结果越来越软弱。

自信的人都拥有改变现状的勇气

二十几岁，是我在任职的公司做什么都失败的时候。

"都是因为这种工作、这种公司、这种环境，所以才会失败！若能改变舞台，我绝对不会这么糟。等着看吧！"

不懂事又没能力，只是"败犬"在空吠罢了。

但是，现在回想起来，这种挫败刺激了我的自尊心，带动了有助于未来的行动。我努力充实对外活动的能力，经过几年准备之后，终于独立创业。

不只是我，许多实现自我的人们都舍弃了软弱的自己，聪明、适时地"催眠"自己。

这里所说的"自我催眠"，就是与过去的自我作别，树立新的价值观、行动模式，重生为崭新的自己。

所有从软弱的自己，重生为坚强的自己的人，没有没做过上述"自我催眠"的。请让我来介绍一下这个方法。

它的重点是"自我分析→自我肯定"。

如果你是个没有自信的人，原因大多出在你自己身上。

首先，要从对过去自我的分析开始，彻底调查自己的问题所在。

为什么非要彻底不可呢？因为"过去的自我是个安乐窝"，就是它在牵绊着你。请实实在在地面对过去，承认软弱的自己吧。**如果你想改变的话，就要挥开"维持现状就好"的念头。**

"人若不面临危机，就会安于现状。"这是世界著名的企业家杰克·韦尔奇的名言。他直言不讳地说出人类"维持现状"的可怕。

如果你想更有自信，就要有改变现状的勇气。

自我分析结束时，接下来是自我肯定的阶段。请反复告诉自己下面这段话。

"也许以前别人认为我是个懦弱的人，或者是个害怕失败的胆小鬼。也许我从来不敢在别人面前做什么事，不敢承担起组织领导的工作。但是今后我要展露真正的自己，展露强大的自己。我原本就是个坚强的人，该是拿出真本领的时候了。"

这段接近自我安慰的话，请你认真在心中念诵数遍。一开始，先用这种"完美的妄想"来肯定自己。以前的自己只不过是"假象""伪装的自己"。不断地告诉自己，只要稍微觉得"自己应该能做到"就算成功。

接下来是行动。自己选择一个领域，然后投身其中。如果那个领域中，没有人知道你的过去会更好。断绝退路，形成无处可逃的环境，就可以塑造一个新的自己。

如果"过去软弱的自己"又来找你，就把刚才那段话拿出来念诵，再度催眠自己："我是个有能力的人"。

持续一两年这种踩油门式的生活，对越是找不到自我价值的人，越有成效。这就是"聪明催眠自己，大胆展现行动，以气势取得自信的方法"。

若想得到自信，首要做的就是催眠自己。如果对"自我催眠"有罪恶感，那你就输了。冷不防朝软弱的自己推一把，把它赶出视线之外吧。从那时起，一切都会开始改变。

※ 有自信的人，聪明地催眠软弱的自己："你其实很强"。

※ 没自信的人，看透过去软弱的自己，给自己过多的慰藉。

04　你的人生很大程度是由你的人际关系决定的

人生是由"邂逅"和"人际关系"决定的。

不管能力再怎么强，如果不能与别人建立良好的关系，你的实力就得不到赞赏。此外，邂逅可以塑造一个人，引导出他的实力。

抽离掉人与人的关系，人生将难以想象。虽然很残酷，但这就是现实。想改变人生的话，你就应该出现在新的邂逅场合。

不过，应该有人会有下面的烦恼吧。

"初次见面时，应该跟对方说什么话才好呢？"

"一想到要在众人面前说话，我的脑袋就一片空白。"

"只要在异性面前，我就莫名地紧张起来。"

如果你正好符合上述状况，希望你不要灰心，一定有药可救。当然，想用一个月或两个月来改变是有一定困难的。但是，若能按部就班地花个一两年时间，必定能克服。

所有克服掉认生、怯场问题的人，都经历过反复练习。

从简单的部分着手，渐渐提高难度。按照几个步骤往前进，慢慢取得自信。"习惯人群"的练习，必须长时间、无间断且不勉强地持续，才能渐渐地改变性格。

我来说个怕生先生的故事。

他是从利用午餐时间开始的。首先，他不再只与"谈得来的人""交情好的人"去吃午餐。每星期一次，他邀请平时没走在一起的人吃午餐。熟悉到某种程度之后，再邀请同事参加午餐会，顺便交换信息。

有些人可能会担心："跟不认识的人怎么吃午餐？"

请放心，"即使是初识者，吃午餐也不会尴尬"有两个原因：

第一，有时间限制。无论是中午十二点到一点，或是下午一点到两点，时间都很短暂，而且结束时间固定，话题不容易说完。

第二，双方有"吃饭"这个共同的话题。人只要有共同话题，彼此就会觉得亲切。这时候，就算是"这饭很好吃"这类的话题也没关系，自然有人会接话。

用这个方法，他渐渐与"平时不说话的人"或"初识的人"变得熟识，一年后，他认识了一百多个新朋友。

这种午餐时间的运用，我建议不怕生的朋友也不妨试试。因为新的邂逅可以得到新的刺激。此外，也可以作为与新朋友谈话的训练。

这里我想请教一个问题。你平时是不是只和谈得来、有交情的朋友去吃饭呢？我知道这段时间是轻松的，但是，一星期只要有一次突破就行，希望各位都能跳到外面的世界去。

如果能持续下去，只要一年时间，将会有约四十八个新的邂逅在等着你。

说不定其中的某个人会告诉你业界的新信息。

也许他跟你想攻下的客户有深厚的交情。

或许他跟你想见面的人有来往。

我再说一次：人生是以"邂逅"和"人际关系"来决定的。

请各位务必制造邂逅的机会。

※ 有自信的人，主动出击，创造新的邂逅场合。

※ 没自信的人，只会与"可以放心的人"在一起。

05 **强大自制力，帮你摆脱"软弱的自我"**

　　不论是谁，只要是人，心中必定都养着一个"软弱的自己"。如果是强者，虽然养着它，但却会把它压缩到最小，甚至封存起来，不让它浮现在生活的水面上。

　　人们会因为些微小事而变得软弱，也会因而更坚强。我要介绍一个简单的方法，可以不让软弱的自我占据心灵，而且也能让你不断拥有自尊和自信。

　　当你觉得"自己没用"的时候，软弱就会在心中探出头来。接着，软弱的意念不断增加，在心中蔓延。于是，天天过着缺乏注意力的生活，为无意义的事唉声叹气。不久，自我否定就成了家常便饭，再也看不到自己的"强项"。最后，"软弱的自己"便在你的心中站稳了脚跟。

为了避免这种状况，必须和举棋不定的自己一刀两断。只有**成为"比别人起步早、比别人加倍努力的人"**才是战胜软弱自我最简单明快的手段。

想要做到这一点，有效的方法是"早点起床"。也许有些人会感到疑惑："就这么简单？"但是，世上许多为人称道的成功人士或经营者，都有早起的习惯，甚至有人说："老板早起床，公司不会倒。"

请你不妨回想看看。别说是早起了，平时是不是快迟到才出门？上午处理完邮件，半天也结束了。吃了午饭之后，肚子饱饱的，昏昏欲睡，于是边打瞌睡边处理业务。等清醒的时候，下班时间也到了，但想完成的工作，却连一半都没做完。于是心情降到谷底，认为"自己真是一无是处"。

早起可以把"被时间追着跑的自己""完不成工作的自己""没有成果的自己"赶出去，并且与他们说再见。以前被工作追赶的生活形态将焕然一新，反过来追着工作跑，让自己天天都生活在自我肯定中。

早点起床，提前把工作做完，让自己成为"封锁弱点"

的达人。封闭"不久后会做""等会儿就行""该怎么办呢""啊,好忙""可能来不及"等"怠惰、优柔寡断、犹豫"的思考。运用这个方法,必能把"软弱的自我"封锁起来。

我自己的性格也是这样,坚强和软弱的自我会交互来访,所以我特别注意利用早起和其他生活习惯,把"软弱"封闭起来。

即使如此,一年当中总有一次会被"踌躇不前的软弱自我"所占据,因而痛恨自己,对未来的人生感到悲观。

这时,我会实施晨间作业。如此一来,我就会回到"可以专心突破的自己""充满自信的无敌自己"。如果这种状态能持续一生,会非常幸福,自信心也能维持下去;而且自己会受人喜爱、也受人尊敬。

总之,尽可能早点起床。**讨厌自己的时候,试着清晨五点半起床吧。光是做到这一点,就能体会到成就感。你可以寄发邮件告诉朋友你的早起宣言,这将会增加你的自制力。**

清晨的魔力锐不可当。不用洗澡,不用吃早餐,只要一杯蔬菜汁,放在电脑旁。然后,先打开电脑,或是拿起笔来翻开笔记本。不但能想出革新性的点子,写文章更是行云流水,也能冷静地处理问题。我希望你能利用这段时间,把你目前最头痛的问题拿出来解决。

　　重点是，在梦境的余味尚未消散前，进入工作状态。

　　请将你豢养的"软弱的自己"封闭起来吧。然后，转化成"坚强的自己"，活出每一天。

　　※ 有自信的人，按计划追逐工作，感受"能干的自我"而活着。

　　※ 没自信的人，被工作或计划追赶，感受"无能的自我"而活着。

---

06 想要得到别人的爱，
你需要先去学会爱别人

有位近四十岁的男人来找我做咨询。

他没有称得上朋友或恋人的对象，当然，在公司里也没有交情比较好的人。

他心想，"不能再这样下去了！"于是刻意积极地参加交流会。但是，他还是找不到可以当朋友或恋人的人。

外表看起来自信十足的他，经历也不遑多让，只是他看起来似乎有什么恐惧。我再深入询问了几个问题后，发现他**"没有被人爱过的经验"**。

他交不成朋友、女友的原因就在这儿。由于没有被人爱过，没有受到赞美的经验，所以**自我肯定感很低。他急于希望别人能了解自己是个多有价值的人。**

因此，他不懂得倾听别人说话，只会发表自己的高见。交流会或是派对、餐会上与别人的接触，也是立刻就说起"出身的大学""自己所属的公司""认识的名人"等话题。

谈学历或公司并不是不好，但如果老是摆出这种姿态，虽然能认识"点头之交"，却无法让他们成为自己真正的朋友。

当然，他也交不到亲密的异性朋友，就算脸书上的朋友增加，也没有机会进一步约会，或是继续发展下去。

与其说，除了"学历"和"公司"之外，他无法与人谈论其他话题。毋宁说，他只是把这两个话题当作盾牌，自己隐身于后。

我给了他两个建议。

第一，在日常生活中，不要提"人生计划"和"目标实现"等话题，多增加谈天说地的量。在显露自己的优秀之前，先与眼前的人进行语言的投接练习。然后，说话与倾听的比例调整为"二比八"左右。总之，尽可能先听听别人说什么。

另一个建议是，不要因为"没有人爱我"而沮丧，先试着去找个人爱。

他最大的症结，在于自我肯定感低，因此过度地向周围发出"看看我、喜爱我"的要求。在这种状况下，不表现出自己没有被爱过，别人可能还会对他留一分尊重。所以，他的想法必须从根本上做出改变。

"不是请你爱我，而是我爱着你。"我建议他像这样爱某个人。大家知道"善意的回报"这句话吗？

那是"人会对喜欢自己的人产生善意"的心理效果。请你想象一下，当你得知别人喜欢你，你还能对他等闲视之吗？你会不知不觉留意这个人，对他的好感逐步提升。

这位先生遵循了这两个建议，半年后，公司里的朋友增加了，也交了几个女性朋友。又过了三个月后，他向我说："我交到女朋友了！"

从此之后，他改变了。不仅态度上从容自信，而且不论对谁都笑容满面，对话也没有隔阂。简直让人无法相信他以前是因"学历"和"工作"而把人吓跑的那位仁兄。

现在二十至四十岁的男性当中，许多也像当初的他一样，苦恼于没有人"看看我，喜爱我"。如果你一直过着没有自

信的日子，在期望别人爱你之前，要不要试试看先向谁表达
"我爱着你"呢？

※ 有自信的人，自己先付出爱，自然得到别人的爱。

※ 没自信的人，过度地乞求爱，反而把人推得更远。

07 你所想象的"最坏结果"，并不会发生

"还是新人就辞掉工作转业，没问题吗？"

"做简报时犯了大错……大概没机会出头了。"

"得罪了重要客户。完蛋了！恐怕要被开除了！"

虽然程度有别，但就是这些日常大小事，令我们感到烦恼。一旦自我肯定感低，或是感到沮丧，"怎么办？""没问题吧？"之类的负面情绪便会向我们袭来。

如果不论怎么做，都无法停止心情郁闷的话，就只能迎面接受"烦恼"了。我想建议的方法是活用笔记。

打开笔记，左侧写下问题，右侧写下解决对策（能做到的事）。写问题的时候，舍弃主观的看法，尽可能客观。写解决对策时，专注于"能做的事"，采取积极的态度。持续不懈这项自问自答的作业，像做考古题一样。

这种奇妙的行为，可以麻痹内心的痛楚。

我们的烦恼和丧失自信的原因，大半是因为"朦胧不确定的不安"。而且，因为对真相不明白、不了解，所以更加深了烦恼。

正因为如此，我们必须借由"手写"作业，将烦恼具象化，而且给出大量明确的解决方案。

到这时，你应该会发觉：

"咦？我以为问题很大，结果没那么严重嘛。"

"我怎么会为这种小事烦恼呢？"

在脑中好像是个大问题，但写下来之后，发现也不过尔尔。这种经验，你没有吗？

人一旦处在自我肯定度低的状态，就会逐渐变得悲观，任意地想象没有发生的最坏情境。正因为如此，为了冷静下来，"书写"这种行为非常有效。

十九世纪法国的代表作家巴尔扎克曾留下一句话：

"到了最后，最坏的不幸绝对不会发生。大致上都是因为先预期了不幸，才会陷进悲惨的处境。"

这真是一句名言，希望各位谨记在心。另一句话，我也希望大家记住：

"世上的人并没有那么在乎你。"

工作、人际关系、家庭等任何事，假设就算真到了"最坏"的情势，四周的人也没有你想象的那么关心你。说得极端一点，没有人会二十四小时仇恨你或是担心你。

因为，**大家光是应付自己的事都已经精疲力竭了。**

首先，自己**"得好好活着"**。所以，无暇时时刻刻去管谁做了什么事。就算出了什么差错，会烦恼"怎么办才好！"的人，只有你自己而已。

本来，你所体验的事，每天都在世界上的每个角落发生，一点也不稀罕。

在那个刹那，也许对你来说是个大问题。但五年后，它只会变成你根本不记得的芝麻绿豆回忆。

世人没有那么在意你，也不是以你为中心打转。认识到这一点，你的心情应会轻松一些，也可以抱着自信开始行动。

※ 有自信的人，直接面对烦恼，冷静对应。

※ 没自信的人，过于恐惧"最坏的情势"，因而陷入恐慌中。

08　请留有独处和坦然面对自己的时间

　　在工作现场累积经验，与许多人交流接受刺激；通过游戏和喜好让自己成长；用功研读提升能力；把外表打扮得光鲜亮丽，改变自我形象；利用运动来锻炼体魄。这些全都是为了获得自信而从事的行为。

　　除此之外，还有个极有效的方法。

　　很简单，那就是"保有充分独处的时间，享受孤独"。

　　就像是运动时，也需要伸展和锻炼肌肉，**为了要获得自信，也需要利用"个人时间"来进行自我修缮。**

精神分析学家弗洛伊德曾说过孤独的效用：

"自己主动追求的孤独，与和他人的离别，是防卫人际关系中产生苦恼最常见的方式。"

一个人独处的意思，是度过"不受任何人支配的时间"。这段时间正可以让自信萌芽。

各位可以从这种状况开始：

"新年长假或双休日一个人去公司加班"

"休假时，听从直觉到海边或山上散步一天。"

我领悟到孤独的重要性，已经是二十年前的事了。

十九岁时，我开始经营音乐会工作员派遣的事业。可能因为学生创业，大人们看不起我，派遣员工也无法接受令人满意的教育训练。

我痛恨自己的无能，很想放弃一切。

某一天，我自己来到海边，一方面感到强烈的孤独，但心里却渐渐地安定下来。然后，我冷静地重新面对自己"为什么会那么苦恼"这件事。

当然，也许有人会烦恼"该怎么做才能克服孤独"。但是，孤独并不需要克服。

甚至可以说，**在孤独中与自己面对面，乃是人生中不可缺少的要素。你应该留有孤独和面对自己的时间。**

即使是现在，当我走到死胡同，或是有烦恼的时候，我也会挪出独处的时间，享受孤独。有时把自己关在车子里，有时跑去搭公交——随便决定一个地点，然后朝着目的地前进；到达目的地之后，尽可能徒步到自己感兴趣的地方；亲身去接触商店、名胜古迹、风光明媚的场所，也与当地的人交流沟通。

在这段不受拘束，随意晃荡的时间中，做任何决定都只依自己的感觉行事。半途也会找个时间在商店或户外找地方坐下，思考整个人生的路线。**从旁人的角度审视"自己从哪里来？能做到什么地步？同时，前进的方向有没有偏移？"。**

在那一刻，我客观地分析至今为止自己得到的东西，细细体会自信。另一方面，也觉察未达到的事项。于是，新的行动方针也泉涌而出，它会成为明天的动力。我把新的行动方针用笔记下来，当作给日常生活的伴手礼，回去之后，尽快实施。

我希望各位也能试试这种活用独处时间的方法。你必能
体会到沉淀下来的自信，浸染到五脏六腑，然后固定下来。

　　※ 有自信的人，运用"独处时间"让自信扎根。

　　※ 没自信的人，害怕独处。

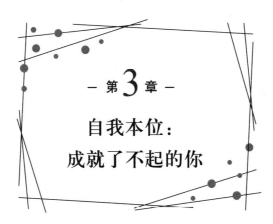

- 第3章 -

自我本位：
成就了不起的你

01　尝试做自己喜欢且适合的工作

父母、老师、公司的主管，是不是曾经对你说过：

"别以为做自己喜欢的事就能成功，世上的事没那么简单。"

但是，我不这么认为。我觉得应该相反。

"别以为做不喜欢的工作也能成功，世上的事没那么简单！"

充满自信的商务人士，他们有个共同的特征，那就是"着迷于工作"。

他们到处奔走找寻"令自己着迷的工作"，找到后就没日没夜地去做。最后，打开了自信的开关。

谈谈我的经验吧。二十几岁当上班族时，我大多从事不合己意、不擅长的工作。其中一件工作，需要 IT 方面的专业知识。在公司方针下，我突然接手这份工作，但心里抱着抗拒的意识，以至于虽然做了相当程度的努力，却也没做出满意的结果。会议上也跟不上进度，拖累了其他同事。努力永远得不到结果，天天都在责备自己"我到底在干什么"中度过。

自己不喜欢，而且不拿手的工作，再努力也只有痛苦、辛苦，而且没有成果。越做越会失去自信。

但是，当我转换跑道，状况也有了一百八十度的转变。具体来说，我离开了原本上班的公司，变成了一个作家和策划公司老板。"痛苦的努力"转变为"这世上最快乐的作业"，不论是"成果"或"信心"，都能在趣味中掌握。那是我重生的一刻。

以右脑为主的工作，追求思考趣味事物能力的工作，这份工作与我真是不谋而合。想出策划，将它立案、提案，为它编列预算，听取用户的反应，感受它的好恶。

通过这样的工作，我衷心地喜爱向世间发出趣味信息的自己。即便付出再多的时间，我都不会因为工作而感到疲累。做得越多，越是能累积自信、成果和喜悦。不管是写书、连载、活动、演讲，还是企业包装、媒体采访，我都能由衷感到喜悦，年收入也增加数倍，我甚至觉得，"当时怎么不早点转换跑道呢？"

在讨厌的场所只能苟延残喘地忍耐，无法得到自信。请不要胆怯，勇敢向喜爱的工作进击吧。

喜欢的工作，指的是对你而言"做起来很快乐""投入几小时都不觉得疲累""成果信手拈来""别人不知不觉落后于你"的工作。这世上一定存在着完全适合你，让你"着迷的工作"。

如果你现在脑中实在没有任何想法，建议你不妨思考一下，能不能"在团队中更换一下职责"或是"在新项目中，率先要求做拿手的工作"。

不论用什么方法，都请你争取适合自己的工作。而且，在寻找适合的职务时，千万不能被动，要主动开口争取。真到了不得已的时候，就把转业也纳入考虑范围吧。

乔布斯针对"喜爱的工作"曾经这么说：

"做一份伟大的工作，就必须爱你所做的事。如果你还没有找到的话，继续找，不要放弃，不可以停下脚步。尽你的全心全力，找到答案的时候，你自然会知道。"

当你获得一份喜欢的工作时，你便会充满自尊心，孜孜不倦地开始工作，从而在那个领域维持领先，夺得自信与成果。

现在，请你再重新审视一下自己的工作吧。

※ 有自信的人，积极取得"最让自己闪耀的工作"。

※ 没自信的人，献身"别人交代但不擅长的工作"，不断地抱怨、不满。

识别并摆脱意图"操纵"你的人

好好分辨一下你身边的人吧。

有的人看似与你亲如一家，但其实是在操纵你。这些人阻碍你的成长，是你获得自信的"绊脚石"。尤其他们经常潜伏在公司主管、前辈、同事之中。

他们的特征是，一旦形势对自己不利，就会开始训诫"做人的道理"。在自己道歉之前，把话题转向"做人应该这样""必须讲道理""这是规矩""命运共同体"等。顺从的人，或是对组织不抱疑问的人，就容易受到掌控。这时，他们就会顺势剥夺你思想的自由。

充满人性，也值得信赖的话语，如果被"以自我为中心"的人利用，它的弊病可就难以计量了。被操纵的人，永远不会发现它的不合理之处。

想操纵你的人，会有意在行动、重要决定等一切关键事物上取代你。本来该你做的事，有人却想代替你去做的话，就要对他特别注意。

十几年前，我有过类似的经验，某人为了个人利益，而想操纵我。我被迫以低廉的报酬长时间劳动，即使业绩变好，报酬也没有增加，甚至还背负公司担保人的风险，简直是有苦说不出。周末无酬加班是理所当然，家中的气氛也因此变得非常紧张。进而连自己的工作都要趁黄金周假期把它赶完，尽管为公司带来数百万利益，奖金或补贴却一概阙如，每个月都只能得到让自己吃不饱饿不死的薪水。

当我想请有薪假时，对方却不由分说用强烈的口气说："你来工作就是为了休假吗？"那是拿我对工作的热忱来挟制我的心理操纵。我明明可以丢下它离开，也可以要求有薪假，但他们却很强烈地阻止了我的意图，进而操控我。

到了最后，因为我是办公室的租赁保证人，所以离职后，中介公司向我追缴房租，要求我必须履行支付义务。那段时期真是凄惨无比。我的"气魄""男子气概""干劲"全都被人作为反击的手段，连活下去的信心都没有。

想要查证自己是否被"榨取他人人生的人"所操纵，其实方法很简单。

只要把现在的实况告诉给平常关心你的朋友或家人就行了。事无巨细地说明，然后问对方："这种状况很普通吗？"**当自我肯定感低落时，筋疲力尽时，人是无法做出"正常的判断"的，**所以你在这时可以做这种检查。

如果朋友说："这明显有问题""你不是被洗脑了吧？""你被操纵了呀""对你什么好处也没有"等，那就是个危险信号。如果继续追问"为什么觉得有问题？"，你就会得到客观性的意见，如："限制太多了，而且那些限制都是为了对方的好处而设的。""费尽心力得到好结果，但薪水却低得过分。生活又没过得多奢侈，光是日常开支就入不敷出。而且不能兼职，只能全力为公司奉献、努力，眼巴巴地盼望何时能调高薪水。"

请立刻抛弃这种工作模式吧。尽早看清或是解除这种雇佣关系，好好将家人和自己的生活摆在第一位。

没有自信的人想要获得信心，必须正确看清周围人士的

真面目。如果觉得"有古怪！"，请立刻保持距离。他们也许

会采用"人情义理"等武器，但请你务必拿出勇气将其击退。

※ 有自信的人，与"操纵自己的人"保持距离。

※ 没自信的人，在"狭窄的世界"接受洗脑，无处遁逃。

03 不要再"委曲求全"，勇敢说"NO"吧

不要因为害怕、歉疚就委屈退缩，直接用"NO"断然拒绝吧。

私人的状况自不待言。在工作上也必须养成这种习惯。拒绝他人，会让你的人生通道变得更顺畅。

一样米养百种人，世上有善人也有恶人。还有一些不耻之徒看穿了你不敢说"NO"的性格，提出种种不合理的要求。

各位不妨想想，感到"不合理"是什么状况。就是当你一表现出让步的姿态，便会立刻被人攻陷，因为他们明白"这家伙很好搞定"。

说来说去，就是你被人看扁了。快点从这种状况中脱离吧。

说"NO"绝对不是不成熟的举动，而是实现心里想法时的基本选项之一。

那么，我们来看看，具体该怎么做。

当对方提出荒诞无理的要求时，"用简短明快的字句简单地拒绝"会很有效。实时的拒绝，确实可以改变现场气氛的风向。

最普遍的说法是"很抱歉，不行"。对方越是看扁你，这个句子越是有效。

试一次看看吧。试过你就会明白。

不过，或许会有人反驳："不行？这种话怎么能说得出口！"的确，依上班族的常理来考虑，这种话实在说不出来。所以"不直接说不行，而是提出替代方案"也成了一种常理。

不过，我希望你能正视一个事实，那就是让你辛苦的正是这种常理。

而且，你的对象都是看你善良，占你便宜的人。你不需为此感到彷徨。

无从想象的人，不妨回想一下前日本首相小泉纯一郎与前东京都知事石原慎太郎的"反击"。①

首先痛快地出拳，挫挫对方的锐气。在对手来不及站稳之前，连珠式地强调自己的主张，趁着气势将话题拉到自己拿手的范畴。

不论是商谈、私生活都一样，只要心里一觉得"这太奇怪了吧"，就勇敢地以"办不到""不想做"等短句给予回击，然后陈述你的意见。

这里我再告诉你一个真相。

在你的弱点上占便宜的人，其实心里很明白"自己的要求不讲理"。所以，对于你的拒绝，无法做有逻辑的反驳。

如果，他们对你"做不到"的反应，有一套打从心底能说服自己的反论，那就表示对方是正确的，到时候你再为自己的错向他道歉即可。

但是，这种事不太可能发生。

尽管有些重复，但我要再一次强调，世上一定有人看穿

---

① 小泉纯一郎与石原慎太郎敢于说"NO"，也因此，他们的发言也常被视为具有"强词夺理""善于诡辩"的典型风格。

你的性格，因而对你做出无理的要求。

为了与这些人争斗，你必须压制自己软弱的内心，或是更新软弱的自我形象。

"做不到"便是为此而设计的特效药，也是为了唤醒自信的一种"虽不成熟，但痛快的手法"。

※ 有自信的人，正确大胆地说"No"，主导谈话的节奏。

※ 没自信的人，错过说"No"的时机，心不甘情不愿地说"Yes"。

04 **与他人比较，是最无聊的事情**

很多人喜欢拿别人跟自己相比，发现自己次人一等时，就会十分烦恼。相反的，也有人因为自己比他人位高一等，或是年收入比较高，而沉浸在一时的优越感中。

抱着胜负的意识发愤努力，并不是坏事。但是如果仅止于此，就有点令人遗憾了。一天二十四小时只在乎胜负的人生，永远只会侧眼看着别人，却从未把注意力放在享受自我的世界中。

"我比那家伙成功吗？"

"我比同学们都有钱吗？"

就算答案是肯定的，那又如何？ 这就像在运动或电动游戏中，只专注于"终点"，却无法享受过程，也无法感受其中的意义。

就算不是这样，工作的竞赛性也没有运动那么强。**只要是上班族，就不可避免地会遇到有人实力比自己低却比自己升职快的状况。**其实在组织中，时时都需要他人的力量和思考来运作。个人再怎么努力，都有可能因为公司的业绩而缩减薪水。自己在无法控制的潮流中，一面随波逐流，一面前进。在包含了"运气""流向"的不透明竞赛中进行高升竞争。爬得越高，遇到上述情况的概率就越高。正因为如此，在办公室中，把目光集中在升职与否的结果上，其实非常危险。

努力的动机，并不只是为了升级。如果你坚持不这么认为，建议你再找一项无关胜负的满足点比较好。

有位 I 先生居住在东京，是位高学历的商务人员。他就是个典型身处竞争人生的人。结婚前，他把在高级饭店与女友约会及出国旅行当作常态。结婚后，在东京以四千五百万日元买下一栋约二十坪^①的独立式住宅^②。坐拥进口车，每月

①一坪约为 3.3 平方米。
②独立式住宅是指独门独户的独栋住宅，是住宅中的高档产品。

付七万日元的补习费，只为了让孩子们能进入私立中学。周日花一天两万日元来打高尔夫球。I 先生年收入八百万日元，可是这样的生活让他几乎没有存款。为了维持生活质量，他每天拼死拼活地工作，投入升职竞争。

以前是班长，现在成了科长；年收入比那个人高三十万日元；我家比他家大五坪——日日为了芝麻绿豆大的胜负患得患失，流血流汗地奋战。但是，有一天，他的心脏出了毛病，暂时休息了一段时间。

"我到底在做什么？"

他突然决定搬家。举家搬到五十公里外的神奈川县藤泽市。不再过出入高级饭店、餐桌上堆满新鲜的海鲜、三五好友热闹相聚的生活。不再为二十坪小屋背负数千万日元的贷款，而是用现金买下六十坪宽敞家园，享受周末好友一家人来访小住的乐趣。他也换掉油耗大、修理费令人咋舌的进口车，改开灵巧且节省能源的车。不再打一天两万日元的高尔夫球，而是过起了免费与浪花玩耍的冲浪人生。

"为求表面风光的攀比竞争心理"从他内心消失，最后，从前在办公室患得患失的情绪缓和下来，他渐渐能以安定的精神状态面对工作。工作时不再暴躁易怒，平易近人的态度让同事和下属也愿意亲近。职场上的人际关系转好，业绩之外的部分也受到赞赏。职场上"空转"感减轻，现在变得十分活跃。

古罗马哲学家塞内卡说过：

"我们希望活得开心，不愿将自己与他人比较。**如果别人过得幸福会令我们痛苦的话，我们将绝对不会得到幸福。**"

※ 有自信的人，了解"与他人比较"的无聊。

※ 没自信的人，把人生都花在"与他人比较"上。

"为你好"是世界上最不可信的话

　　为了拥有自信心，找到真正的人生，有时候不得不与最亲近的人、最重视的人短暂地切割关系。

　　像是把你当成宝贝的父母。但这并不是要你断了联络，变得行踪不明，而是**"把父母根植在你心中的思考习惯忘记"**。一个人无法提升自我、拥有自信心，原因很可能就出在父母身上，对父母的"消极服从"，限制了你的行动。

　　"不可能那么顺利。"

　　"这世道没那么好混。"

　　"你不可能会做。"

"没有前例。"

"最重要的就是认真。"

我们脑中没有反抗父母的思考路线，所以不敢说"NO"。于是，不知不觉中，便踏进了"鸟笼人生"。

为什么父母会给我们那么大的牵制呢？

那是因为他们担心你，但其实他们并没有恶意。

那是他们从自己的人生经验，竭尽心思想出来的建议。

他们害怕**"超过自己想象的行动或思考"，也无法理解想象外的任何事物**。因此，父母的建议大部分并不是"为了你好"，而是"为了父母（自己）好"。如果乖乖听从建议，父母会很高兴。但是那有什么意义呢？请快快从"父母满意"的操纵中逃脱吧。

此外，父母还会为了消除自己的自卑感，或是无法割舍对孩子的依赖，而不断地扯你后腿。我自己也有同样的经验。父母对我的态度永远是纠正、责备。只要一开口，不由分说就是："那样不行。"做了稍微跟别人不同的事，就叫我"请你认真一点！"。当我标新立异或表现幽默，就叫我"要有礼貌、要有教养"。当我谈到梦想，他们又说："人生没那么简单！"当我想要挑战时，他们又挫我志气："踏踏实实最重要"。连续失败几次的话，又说："不如放弃好了。"也不问我的意见就让我摇白旗。

当初若是没有反抗父母的话将会怎样呢？想到这，我不禁背脊发凉，因为我一定会成为一个从不挑战、片面决定事情、"眼光如豆""脑袋僵硬、令人遗憾的大人"。到最后，我可能还会把这乏味的人生归咎于父母。也许还会做出有点越轨的事，让父母亲友难过，最后还让他们来收拾烂摊子。

遇到重大决定时，请与父母完全切割，自己决定，独自完成。等到拿出成绩后，再向父母报告，从善意的出发点为自己争一口气。

这是获得自信的方法。**如果对父母的指责、唠叨全都唯命是从，那就不可能成功。**

或许有些人有着无法拒绝父母的苦衷吧。也有人因为某种原因无法抗拒。但是，为了自己好，我希望各位还是尽可能以自己的想法决定、挑战，虽然偶尔失败，但有一天一定会成功，到时再向父母禀告自己的成长，从善意的角度告诉他们"超出预测的结果"。

一座古寺里有一位年轻的住持（三十五岁）。年少时，他一再与父亲，也就是前一代住持产生冲突，为寺庙多次举办具有崭新现代风格的活动。他打破继承自父亲的"型"，同时，自己也破茧而出。到了三十岁，才第一次体验到"自己背负着创新的招牌，自己担负起办活动的责任"。以前，不论什么事，他都是站在"参与协助"的角色，但后来他破"壳"而出，展现了自己的创意。这位年轻的住持越来越有自信，而接下来，就该轮到你了。

※ 有自信的人，可以偶尔脱离父母的训诲，独立行动。

※ 没自信的人，无法逃离"父母自我满足"的操纵。

06 一味隐忍，只会让你越过越差

拉高声调说话，自己会有危险，所以我噤口不说。

世上充斥着"厚脸皮的强者"与"哭着入眠的弱者"。

总是有人不敢大声说："这是不对的！"因而陷入被强者包围的状况。

举例来说，看看下面的场景：

"依据上层的方针，单方面中止与某多年来往的团队的合约。"

"你自己主导推动的项目，突然被外人截和。"

应该很多人都有过类似的经验。

在这种状况下，自尊心受挫、自信被剥夺，剩下的只有内疚。

希望各位牢记一点，就算你处在能对主管、公司挑衅的立场，**但只要"认输"一次，你就再也没有斗志了。**因此，我诚挚地希望你不要变成"败犬"。

违背上司的命令、打破公司的规定，的确是坏事。但是，如果当你觉得"这里面绝对有鬼"时，希望你能理直气壮地打破成规。虽然，这个举动可能会让你失去眼前的东西。但是，相反的，你会获得一辈子的宝藏，那就是自尊心。它会成为坚不动摇的自信。

"破坏"，是为了让自己能有个不后悔的人生。它的价值将在十年后浸透到你的全身。

"当时还好那么做。"你会想要赞赏自己，在心中生出一枚不可动摇的"勋章"。

我也有类似经验。以前在做上班族的时候，我曾以一对二十，反对公司的方针。那家公司招待客户的部分，几乎快要触碰到法律边缘。所以，我拒绝那份职务。而且做出只要公司不改正，我就要信息外泄、告密的姿态。

"你最大的缺点，就是不听主管的话。"

我被公司高层亲自威逼，那是一对二十人的硬战。

我紧抓住一个重点，大力反驳："论及道德，这与伟大不伟大没有关系。这次的事件，我一个小职员说的话百分百正确。"

"我们公司这么优秀，难道你因为跟主管合不来，就打算辞职吗？"

当时，我感到无奈，所以在自请离职的状态下离开这家公司。

"真是个傻瓜！"如果只看那一刹那的话，也许我真是傻瓜。辞职岂不是一大损失吗？事实也的确如此，离职之后，我有段时间经济十分困顿。

但我却因此得到很大的自信，没有为了几个月的薪水，失去了立场，出卖灵魂。我没有成为涉及公司不法之事，还装作若无其事去上班的人；也减少了一个对公司招待感到愤慨，感慨自己被骗的人。事实上，一年后，那家公司便受到社会的制裁和舆论的谴责。

成为维护正义的怪兽，打破错误的氛围。单看那一瞬间，好像是吃了闷亏。但是，它会成为你人生的一大勋章。

最后，我想借用诺贝尔文学奖得主，英国代表性剧作家萧伯纳的一句话：

"有常识的人，会努力让自己配合世界。没常识的人，要世界配合自己。所以，人类的进化，依靠的全是没常识者的力量。"

> ※ 有自信的人，贯彻正义而一时吃亏，但会得到强韧的信念。
> ※ 没自信的人，无法确立"自己"，始终被强者环绕。

07 越有自信的人，越会向他人求助

学会"厚脸皮"，会成为建立自信的一大帮手。但是，"厚脸皮"很容易成为负面形象。

我想有些人会说："很难让自己变得厚脸皮。"也很难找到适当的使用时机。

我想建议你把**观点转变一下，那就是"厚脸皮＝向对方有技巧地求助"**。

想到厚脸皮三个字，虽然有点令人迟疑，但"求助"的话，难度就会降低很多。求助的行为，也是向对方表示"亲近"、

请求"疼爱"的感情。各位不妨把"求助"="有爱的厚脸皮"，好好来做一下"求助"的练习吧。

"对不起，能不能教我一下？这个领域我不太了解……"

刚开始只要找周围的人，以这种方式向对特殊领域熟悉的人询问想知道的事就行了。刹那间，你已经变成一个依赖对方而"有点厚脸皮的人"了。

在这时候，没有人会认为你是个"厚脸皮、真讨厌的家伙"。如果不忙的话，对方应该会马上给你建议。

重要的关键是，没有人会对"适度的被依赖"感到不快。

霎时，你心中的不安烟消云散。换言之，"被别人守护的感觉"可以提高自己的肯定感。就像对父母撒娇，确认他们爱你的感觉一样。宛如得到支持的心理状态。为自己的冲劲找到支持的伙伴。

这对对方也有好处，可以挑起他的自尊心："哦，原来他也来依赖我啊。"接下来，你要学的就是"道谢"和"回礼"。

不过，我指的不是付钱，或是给别人礼物，而是帮助对方。不论是工作、游乐、兴趣、庆典等范畴，做些让对方高兴，或是协助的行为吧。这样一来，会有什么结果呢？

你的心中会萌生"自己有用武之地"的自负。**"别人的困难，我能使得上力了！"这种喜悦会造就出自我肯定感，给你带来微量的自信。**一再重复这种状态后，你的自信会一点一滴地填补起来。

请多多制造互相帮忙的关系吧。

为了向别人请教事情，我们可以试着稍微厚脸皮一点。它非常简单。抱着"请求的心情""请人关照的心情"，勇敢地拿出有点可爱的厚脸皮行动吧。

有个男人笑嘻嘻地对我说："希望你介绍工作上需要的人脉给我。"他很厚脸皮地做了这样的要求。

但是之后，他一定再补一句："有没有哪个领域的人希望我介绍呢？我也一样会介绍给你。"他从厚着脸皮的立场切入"有求于我"，但其实自己也准备了"回礼"。

他运用这种方法，与许多人建立"施与受"的关系，与数十人、数百人联结成"随时都能找到支持的关系网络"，成为工作进程中拥有强大自信的根据。即使有点小问题，就算不准备回礼，也能立刻拿起电话请教。**建立这种"可以有点小请托的网络"**，我们就能在稳当的自信之下推进工作了。

※ 有自信的人，以"被爱的厚脸皮"顺溜地滑进人心。

※ 没自信的人，被"规则""礼仪"束缚，无法走进人心。

08 越想讨好他人，越会被他人讨厌

"希望成为万人迷！"的欲望，是人类的本能。

但若只专注于"讨人喜欢"这件事，不久后，你的自信心也将荡然无存。此外，为了让他人喜欢自己，会努力去迎合对方，也很容易被人趁机而入。

做一个人，不能只在乎"别人喜欢我，还是讨厌我？"。在此，我提供一个简单的方法，可以不被别人的脸色牵着走。

"啊，好像被讨厌了。"一有这念头，立刻就联想到"我是不是对他做了什么坏事？""自己做了什么？"。若你是这样的人，快快斩断这种自以为是的见解吧。请多多提醒自己，若没有具体的过失，绝不要做超出需要的道歉或反省。

即使想到"可能要被讨厌了"，也不要为此心慌，试着在心里壮起胆想："就算被讨厌了又怎么样？"

不时告诉自己"豁出去"，你就能保持平常心；随时想着"我就是这样"，自己生活的节奏就不会被打乱。

这种做法看起来像是自暴自弃的自我暗示，但因为有了充满自信的坚定态度，反而能获得周围同事的信赖。这种"豁出去的战略"，可以应用在日常生活的所有状况中。

工作汇报、演说等也是一样。若是怕被人讨厌而提心吊胆，你会觉得听众们变得可怕起来，自己的言行举止也将愈显软弱。**模糊不清的态度，反而会被人贴上"说话不太靠得住""敷衍马虎的人"等标签。**

这时候就让"豁出去的战略"派上用场。在心里豁出去想："我只对认真听我说话、点头的人演说。否定我的家伙就随他否定吧。但是我不会被他击垮的。"

所谓"有自信的人"和"没自信的人"的不同之处，就在于能不能多拥有一点点的"傲慢"吧。

拥有压不垮的自信的人会认为，"有敌人是理所当然的事""敌人就算攻上来，我也要把他们赶回去"。

没自信的人，有时太把注意力集中在敌人身上，因而受到打击或退缩。对敌人注入太多感情，不久就会被感化，扭曲了自己的立场。最后，连肯定你的人都会对你感到失望。

之后等待你的，是"丧失自信"的日子。天天只能懊恼自己的退缩。你的人生将变成什么样子全看你自己。首先，把意识专注于有善意的人，把否定你的人赶出视野之外。不要害怕被讨厌，甚至用"赶人"的态度面对。保护自己的尊严和主张的权利，同时享受当下。如果有余裕的话，多少照顾一下否定者的想法，把它当作演讲或简报的范例。

窥一斑可知全豹，它可以运用在人生的各种场面中。不论是人生什么阶段都有用。如果有十个人，其中一两个人做出拖累你、伤害你的行为，那是很自然的。**太在乎这些否定你的人的话，你就算花再多时间去讨好他们、说服他们也都不够。**人生没有那么长，请把这种事情放在一边，在公司内外，多增加些意气相投的伙伴就好了。

这世上有很多支持你的伙伴，就算穷尽一生也遇不完。世界如此辽阔，即使你如今四面楚歌，只要换个空间，也一定能遇到数百个同伴。当你不会担心"害怕被人讨厌的自己"后，行动贯彻如一，你就能吸引到真正意气相投的伙伴。

※ 有自信的人，不畏惧被别人讨厌。

※ 没自信的人，始终在讨好反对自己的人。

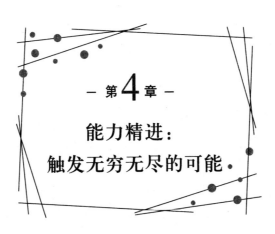

- 第 **4** 章 -

能力精进：
触发无穷无尽的可能

持续行动，让你获得自信与勇气

忙着工作，也忙着玩。

这种人大多都活力充沛，点子、幽默感丰富，态度自信满满，从来看不出"疲惫"。相反的，有了"充分休息"的人看起来缺乏霸气，没有自信。

不妨想一下被称为"名人老板"的那些人。他们到了七八十岁，都还精力旺盛，全是因为把自己"置身于充实的忙碌中"。

希望你也能以这种生活为目标。

具体来说，我希望各位能从"不要在工作中偷懒，对任何事都插手试一试,让身心都稍微忙碌"的状态开始。借着"适度的忙碌",减少迟疑、负面情绪的侵袭。此外,有期限的事容易燃起斗志,让你想出崭新的点子。不妨尝试一下。

当你的人生不断往前发展,同时获得多种成就感,也就能咀嚼到自我肯定感。同时也能适时补充前进所需的能量。补充的能量会成为你自信的来源。而借由持续的行动,你的恐惧、不安等负面情绪也会消失。**恐惧只会出现在还没开始行动时。**

戴尔·卡耐基说过:

"不动产生疑心和恐惧,行动生出自信和勇气。"

过度劳累而伤害身体不在我们讨论之列,但过久的休息,也会让人生付诸东流。

我有过这样的经验。各类活动一个接一个,周围的人再三劝我"还是充分休息一下比较好",所以,我试着过了四天完全无事的休假。

但结果却令人惊讶。休假非但没有帮我充电,休假结束前,我反而有了难以忍受的痛苦。有个词叫"假期综合征",我的痛苦感觉要比工作时强数十倍。不舒服的无力感席卷而来,浸渍全身,丧失了勤劳工作的欲望;思维枯竭,点子一个都挤不出来;睡意浓重、肩颈酸疼,整个人陷入了最糟糕的状态中。

为什么会变得这么糟糕? 理由很明显。

以前我边跑边"发电",能量会转化成前进的动力,但这个循环被四天的完全休假打断。体内流动的能量停止了下来,并且沉滞不动。

我花了整整一星期,才回到休假前的状态。这个事件让我决定"再也不做完全的休息!"。就算是与家人到国外度假,我也一定清早起床,工作三四个小时之后,才投入游乐中。

有人可能会觉得:

"难得一次休假,却不能好好享受,工作也做得不上不下的,这样会好吗? "

但我在国外时,工作进展得十分顺利,崭新的创意多如泉涌。而且想到"做完后就有好玩的事可以玩",反而能加速把工作做完。

不只工作顺利,因为事情全都处理完成,内心也能够获得平静。上午十点开始的休闲活动也能专心地玩。到了晚上八点左右,我已经上床睡觉,第二天四点醒来,养成了早睡早起的习惯。

我不是要你不断工作把身体累坏。但是，绝不可长时间彻底放松无心工作。行动、发电、蓄电，然后再继续发电，作为下一次的能量。利用工作、游乐、学习、休闲让心忙碌起来。学会这一点，你就能累积起坚不动摇的力量和自信。

※ 有自信的人，不断地活动着，经常补充前进的能量。

※ 没自信的人，在使出全力之前无端休息，让意志生锈。

02　穷尽一生，去做自己拿手的事情吧

有没有自信，是由不同的场合来决定的。

尽可能增加"对自己有利的场所""能生出自信的场所"，是获得"全胜自信"的快捷方式。说得极端一点，如果用拿手的舞台填满人生，你的人生就会充满自信。

为什么这在获得自信上这么有效呢？

因为在这样的舞台上，极少有时间为自怨自艾的心情而停伫，如"为什么自己这么无能？""不安得受不了"等感觉都不会出现。因此"成果""结果"出现得更快、更多，也更加熟练。不太感到辛苦就能达成目标了。

这会成为下一个行动的一大动机。将意识集中在自己喜欢、拿手的事上，你就能以最少的努力，得到最大的成果。这会帮助你产生自信。

将"做不来的事""不拿手的活"全都赶到别的地方去，只专心于拿手的事，并增加技术、知识、熟练度，或是人脉和支持者。

其中一个方法是"稍微专注于自己认为有趣、快乐的工作（舞台）"。不要在不擅长、会伤害自尊心的工作上努力，把焦点转向有趣、快乐的工作上，努力在那个领域靠它维生。

为什么做有趣、快乐的事比较好呢？

答案非常简单。因为**"有趣、快乐"延伸到底，一定有着商机**。希望你能放眼将市面上的商品、服务都看遍。脸书、社群游戏、智能手机的 APP 等，它们的共通性在于"引起人们的兴趣、让人觉得快乐"。

过去，在"物资极度缺乏"的时代，为生活带来便利的商品大为畅销，像是电视、冰箱、洗衣机等，即一般人所谓的生活必需品。但是现在时代变了，物资充裕到爆炸，"拥有成了理所当然"。在这种时代潮流的影响下，人们愿意为"有趣、快乐"而花大笔钱。

现在能让你着迷的、从心底感到快乐的是什么样的物质

呢？搞不好它会衍生出一个新的行业，流行到全世界。

再从身边的事物来思考一下。

假设你"擅长而且喜欢对群众说话"，就把它当成一个职业吧。

我希望各位能像这样思考看看，能不能"渐渐将自己投入到你觉得有趣、快乐的工作（舞台）中去"。

现在我的工作中，没有一样是我不擅长或讨厌的事务。写书、演讲、活动策划、商品包装、媒体访问等，我只做自己觉得有趣、快乐的事。到最后，自己时时浸淫在"拿手舞台"上，所以，自信心不会消失。

不要把人生耗费在克服眼前讨厌的、不拿手的事务上。

那只是徒劳无功。自信不可能从这里得到。

把人生集中在拿手的领域、最喜爱的范畴中，并贯彻实行吧。

※ 有自信的人，把人生集中在拿手的领域。

※ 没自信的人，人生中少有时间从事拿手工作。

---

03 勇敢参加"陌生人士的聚会"

没有自信的人，不敢独自参加"陌生人士的聚会"。

有自信的人，会抱着雀跃的心情参加"陌生人士的聚会"。因为他对自己的形象，掌握得十分清楚。

这是自信的一张试纸。

那么，要怎么做才能拥有那样的自信呢？

工作、学习、玩乐、恋爱、时尚……什么都行，只要成为绝对的专家就可以了。但是这些都需要花时间。因此，我来介绍一个短时间能获得自信的训练方法。

那就是把"陌生人士的聚会"当成一种修行，积极去参加。

"那种聚会，我绝对没办法！"你可能会发出这样的声音。不过请放心，除了会员制的封闭式聚会，**大多数的聚会中，绝对不止一个人会感到"单身赴会很不安""有人会来跟我说话吗？"**，现场一定有人像你一样紧张和不安。

你一定要牢记这一点。也许紧张和不安会令你想立刻逃离现场，但请尽可能克服这种情绪撑下去。

在一个无人认识的陌生场合，把自己暴露出来，跟在场的人交朋友。若能一再经历这种环境，你面对外人的能力也会增加。在陌生人众多的集会上出现，你心中的"自信心"也会增强。

每次出席集会，你会不断修正自己的面对方式。抱着姑且一试的心态，寻找制胜模式吧。不久之后，你应该会有一些小小的心得。

"寒暄时从容一点比较好。"

"紧张的话，站在桌边比较好。"

"没有安身之处的话，一手拿饮料，一边走走，让心情安定下来。"

"聊聊食物的口味也不错。"

"对方攀谈的话，微笑点头就对了。"

将这些心得累积起来，你的初次会面能力也会越来越厉害。

最适合进行这种训练的场所，有各种人士举办的交流会、学习会，或者派对。

只是一味参加和死党密友的约会，或是公司相关人员的聚会，并不会累积真正的自信心。

持续参与陌生集会一年，你一定会判若两人。

在某公司上班的 M 先生（三十二岁），没有工作以外的朋友，不管在工作中还是在生活中，他都是一个极其缺乏自信的人。

但是，有一天，他决定"每个月一定参加两次陌生人士的集会，一年内要增加一百个点头之交"。他改变生活形态，出席各种场合。每月月初，决定自己想参加的聚会和日程，将日子全都记在笔记里。

刚开始交谈得不太顺利，只累积了压力。但是第三个月起，有了一些变化。他开始能和初识的人谈谈自己喜欢的高尔夫球。现在，他已经完全不害怕生疏的场合，并且与更多人展开了美丽的邂逅。

与初识的朋友沟通上有自信的话，人生会更开心。

越是对"初见面的场合害怕、紧张"的人，应该越能感受到戏剧性的变化。你可以趁此机会与从前截然不同类型的人深入交流，同时，成为人生转机的邂逅，也许就正在等待着你。

※ 有自信的人，时时在"初次会面的场合"锻炼自己。

※ 没自信的人，恐惧"初次会面的场合"，并且一再回避。

04 做好简报，你就比别人成功了一半

二十几岁时，我把简报这件事看得很简单。

我甚至认为："那种东西根本没有什么技术。全是由气势、与对方的关系、运气，以及氛围来决定。"

但是，经由朋友的特训后，那种偏见一扫而空。这个朋友被称为"简报之神"，他可以把困难的对外简报做得有如魔法般成功。他是某营销公司的高阶主管。我曾几次在做对外简报时请他随行，他总是能在我眼前将困难的案子顺利完成，简直就像魔术表演一般。我花了几个月的时间，认真地偷学他的技法，也学会了相同的技术。

方法说起来很简单。创意的切入点当然很重要，但其秘诀在于"策划书第一页"的撰写方法。

重点是，**在第一页，用"图"或"照片"等视觉的方式展示出策划案的整个架构。**不管多复杂的策划，都融合在一张纸中。

利用它对对方施予魔法。人若不能在瞬间以视觉掌握全貌，就会感到不安。用十秒抓住全貌，既可理解优点，也可掌握目标数字。

图占七成，也可以放照片。总之，用视觉信息轻松地表现。如果不轻松愉快就没有意义。快乐的活动策划或是异业合作的提案、新商品的策划等，若只有密密麻麻的文字，这样论文式的策划书，是无法让看的人感到雀跃的。

此外，**请不要认为"资料量越厚重，越有说服力"。**我明白为了抚平不安一直补充资料的心情。但是，这么做的话，没办法打动人心，也无法传达任何信息。

我把方法说得具体一点好了。先在正中央画一个圆。在圆中写上策划案的名字，然后在下方用大号字形，写下"策划案的目的"。

例如，如果是个述说人生梦想的"自由人生补习班"的话，就可以在最下方用大字写上"说出你的梦想吧，努力实现它的同时，提升你的生存价值"。这是一种提醒。只要是人，不论是谁都需要这样的提醒。这些大字是为了显示它的优点，并且说服对方。

然后，在正中心围绕策划名字的大圆外侧，用四角形画出许多"小岛"，显示与该策划相关的事由。同时写下实际要施行的"策略"。此外，也可同时载明数字，为目标的存在背书。

由于学到这个窍门，我自己这十几年来，即使遇到难度极高的合作案，以及其他个案，都是连战皆捷、战无不胜。

我与世界知名品牌 GIVENCHY 合作，制作化妆品的促销活动，在业界也是个前所未闻的事件。当时，因为我个人发表了多本恋爱性质的书籍和连载文章，因此以恋爱专栏作家的身份，提出了整合"恋爱专家给你的恋爱建议"与"化妆大师为你设计的约会彩妆"的活动策划案。

我们的目标是吸引"想有一段美好恋情的女性"来参加，并且购买商品。我们关于在东京池袋西武百货公司的活动专区设定恋爱咨询的咖啡区与化妆间的想法，很成功地获得采用，并且在黄金周前的周末展开实施。

请各位实际试试看这种一页简报的方法。不但能让你找到自信，甚至可以让你感受到人生加速的快感。

※ 有自信的人，在"一页白纸"上用图来整合策划。

※ 没自信的人，在"厚重的数据"上密密麻麻地填入文字。

05 两种"游戏",让你的人生更充实

　　没有自信,内心彷徨不定的人,每天忧郁而苦闷。不论做什么事都漫不经心,总是在内心独语:"人生不应该是这样的。"

　　由于平时只去熟悉的环境,所以行动范围极度狭窄,生活形态也呈现单一模式化。每天带着创伤,自我提醒"自己的弱点",一天之中多次感到沮丧。这样的你,真的没问题吗?

　　觉得这段话击中你要害的人,建议可以去"游戏"一下。这里的"游戏"有两种,我们依次来说明。

一是指旅行、嗜好、休闲，能让你在精神上重新振作的"游戏"。彻底洗去因工作而附着的"自我否定感"。

请把手按在胸口。想想看，这一星期或是一个月内，不论工作或是个人生活都行，你是否有过从心底感到"快乐"的经验？如果没有的话，表示你绝对"玩得不够"。

心的疲累很容易与负面思考结合，也容易造成自信丧失。**此外，心情沉滞，会让你无法创造出令世人雀跃兴奋的商品或服务。**

建议你打破规律的生活，腾出游戏的时间吧。

投身在游戏时，任何人都会忘了自己在社会中站立的位置，可以还原为一个单纯的人，投入眼前的事物。产生不再在乎自己是什么人的感觉，只想更多更久地沉浸在眼前的玩乐中。

越是认真的人，越容易抱有"游乐＝坏事"的印象。实际上，有这种想法的人，经常都没有"玩够"。请一定要特别注意。

另一种"游戏"，是具备"不论什么事都能乐在其中"的思维。以工作来说，就是具有下列的观点。

"眼前的工作如此改变的话，应该会更加有趣吧？"

把平常我们手边的"工作"变化成"可以乐在其中的游

戏"。无法想象的人，请你这么想。

在你做得心烦意乱的"工作"中加点心思，让它成为一个非必要但可以尝试的"游戏"——尽管少了它也不碍事。

我们很难把所有的"工作"都转变为"游戏"。只要视心情需要，用点心思，应该就找得到"可变成游戏的工作"。

例如，打电话给主要客户。若是心里不情愿的话，它只是一个让人痛苦的工作。但是，你可以加入玩电动的心情："想办法向他挖出业界的新消息吧。""平常一分钟就被挂电话，今天想办法撑到三分钟吧！"

如果你能有这种念头，世上便不再有无聊的工作。**看到你能乐在其中地工作，主管、同事、客户都会对你另眼相看。**

也许老板还会请你主导左右公司命运的大策划。

也许会要你陪同主管，去和大客户商谈。

若想培养这种游戏观，建议你必须打破现有的生活规律，做些崭新的事。虽说是崭新，但请你别想得太难。刚开始就算是"走不同于平时的路线上班""比平时早一小时起床，到咖啡馆看报纸""在会议上比平常多发言"都可以。

你应该会有新鲜的发现，或遇到有趣的事物，请思考一下它们对工作有没有帮助。相信你一定能体会到"游戏"的大效用。

※ 有自信的人，通过"两种游戏"让人生更充实。

※ 没自信的人，被单一模式束缚，人生更加狭隘。

06 学会缓解内心疲累，积极面对生活

"疲累"与"自信"有着密切关系。

"工作、生活都快乐得不得了""信心充沛"的时候，等待你的是舒适的疲累。但相反的，"失去自信""害怕做事"时的疲倦最糟糕了。疲累本身会渐渐剥夺你的信心，然后负面想法会包围着你。

话虽如此，很少有人能让工作与生活完全充实吧。此外，工作不顺利也会让人陷入自信丧失的状态。不过，即使在这种状态下，我们也必须把持住自己，继续与社会接轨。反过来想，这么做，才能得到别人的信任，进而获得财富。

基于这些因素，与"疲累"相处就变得格外重要。

若想随时表现出真实的自我，不妨来趟"心的散步"，让沉重的疲累一扫而空。

为此，我想介绍两种方法。

第一种，希望你回想一下"以前曾经热爱过，但现在不太做的事"。

运动、沉迷的傻事等，甚至跟朋友聊八卦或无意义的话题也无妨。任何事都行。

总之，回想一下记忆中让心情轻松下来的"兴奋剂"吧，找找让你心情变好的事物。

"那是很久以前的事了……"——千万别这样想而与它作别。**虽然是过去的事，但它不是别人做过的事，而是你自己的经历。**

再怎么用力都想不出来的人，请打开你的相簿。

相簿里贴满了光辉时刻的回忆。打开它纯粹地欣赏，沉浸在回忆中。只要能想起"对了，从前我做过这样的事！""好怀念哦！"的感觉，或是光荣时刻的自己就 OK 了。

运用照片等小道具，唤起回忆，为心灵复健，找回真正的自己。你的心会感到疲累，都是因为失去了真实的自我，让心萎缩了。

不论在公司出了什么事，不论如何抹杀自我，我还是希望你在下班后一定要表露出真实的自己。只有养成习惯，你的心才不会累积疲劳。

另一点是为"手边没有相簿的人"而设想的。

只要打电话给私下里"无话不谈的好友""可以恶作剧的朋友"就行了。然后快乐地闲聊十分钟左右。

不妨从"最近怎么样？"来切入，绝对不要提"工作上的事"。尽可能说些会互相大笑的蠢话，以回忆的故事为主轴展开对话。光靠这一点，你就能找回真正的自己。

唯有和超越利害关系、友谊长久的朋友，才可能执行这种"净化作用"。工作结束后，用仅仅十分钟，给自己做简单的充电。通过测试你会发现：开心大笑地玩过、找回失去的自我之后的睡眠，效果会好得令人惊奇。

※ 有自信的人，知道控制"疲累"的方法。

※ 没自信的人，对"疲累"置之不理，继续被负面思考所笼罩。

07 **专注于"一件事"，并将它做到最好**

"只要能拿第一，你想要什么都行！"

这是父母经常为了鼓励孩子所说的话。其实，不只是小孩，这种勉励对我们大人也很有效。

为了在工作上获得成功，这种思考方式最有效。你的任务是"成为第一，做一份非你不可的工作"。

相反的，"什么都能做"很容易变成样样通、样样松的结果。所以，首先请告诉自己，必须**只在"专项的一件事"上得第一，才能成功**。虽然世上也有事事精通的通才，但即使是那种人，他们的成功几乎还是靠着"专项的才华"。

现实中你可以做很多事，但是，"向世人推出的宣传口号"只能有一个。

甚至，对于"想在任何方面都成功"的人，我建议你更是要暂时专注于"一件事物"上。这对于好奇心旺盛的人，可能是很不耐烦、难以甘心的任务。

我自己也有类似的经验。创业之后，感觉自己无所不能，不论大小事都记载在主页上，因为那样看起来比较才华横溢。而且，因为选项很多，也感觉"自己看起来很伟大"。

可是，周围的朋友却对我提出直率的建言："看不懂在搞什么""概念不统一""什么都沾一点看起来怪怪的"。

也就是"做什么事都只有半桶水，没有优势，难有信赖感"。

社会信息接收者的挑剔程度是信息发布者所想象的数十倍。因此**只有在一件事物上出类拔萃、成为该领域"专家"的人，才能得到信任**。就算是号称"通才"的人，首先也大多是以"专家"身份独领风骚，获得信赖之后，才向其他专业领域发展。

一开始这也做那也做，只会形成"没有自信的自己"。

所以最初要先在一门专业上保持领先，得到瞩目。

因此我们要从剔除工作开始。背负最重要的那个主题，昂首站起，然后在这一主题上出类拔萃。这需要两个要件，一是努力，另一个是推销自己。博客、名片、网页、SNS（专指社交网络服务，包括社交软件和社交网站），利用各种路径，说服周围的人相信"自己是专家"。

有些人有上进心，却并不想"在公司的工作上出类拔萃"；也有很多人现在才想重新确立并投入自己真正想要钻研的领域。在这种状况下，为了尝试新事物而辞去现有的工作是危险的。这时你可以把公司当作生命线，把工作当成糊口的工具，然后利用下班时间，为"单一主题"做准备。

我也是这样。并不先唐突地辞去工作独立创业，而是一边当薪水族，一边运用下班时间，也就是"脚踏两条船"的状态，然后开始慢慢减少"公司工作的比例"。

从主题来看也是如此。最初我以"恋爱"为主题从事创作活动和媒体、策展等活动。我选择了任何人都会关注的永恒主题。因为它的确有需求，而且也很醒目。

从恋爱中得到结果后，再找出自己真正想做的目标，也就是**"自由人生的支持者"**——一份支持"以理想的工作辉映人生""活出理想自我的人生"的事业。这是我在二十出头就想做的工作，暗地里持续了约十年。经历多番曲折才树立"爱与自由"的新品牌，活出现下的价值。①

> ※ 有自信的人，首先只专注"一件事"，并使它出类拔萃。
>
> ※ 没自信的人，以"不管怎样，当好学生就对了"为目标，最后无疾而终。

---

① 作者以"有爱与梦想的自由生活方式"为题，在报章杂志、电台开设专栏，此即作者的个人品牌。

08 与社会缔结长期合约，成为更好的自己

　　有个名词叫**回避风险**，意思就是分散未来的风险。因为这是个不停变化的时代，我们确实需要这种思考方式。说得过分一点，就和**"随时准备逃遁之道"**是一样的意思。

　　如果想要得到自信，建议你"与社会签订长期的信用合约"。比方说，背负房贷就是其中之一。从银行那里借钱，付贷款购买房屋。

　　为什么背负房贷会与自信心有关呢？

　　因为"它意味着你与社会缔结了一份逃不掉的合约"。

　　从银行获得数千万日元的借款，需要社会上的信用。若不是就职于企业、从事工作期间，很难通过审查。或者，如果是一位公司经营者，他基本上必须达成三期以上的营业黑字，公司也必须在无赤字的状态。只有凭借你努力取得的社会信用，才可能签订这份"合约"。

万一滞纳还款，"家"就可能被收走。在经济上、精神上都是一大打击。

我在向公司辞职前，买下了一栋三层楼的住宅，规划把一楼当成办公室，二楼和三楼作为住房。独立创业的话，只要事业业绩不理想，就不知道何时才可能贷到购屋款。

不过，一旦贷款买屋，就算有一天我死了，也可以留给家人一个遮风避雨的城堡。它的结构简单，寿险的给付就可清偿房屋贷款余额。我们的家，就会保留下来。

这意味着，我就算抱着必死决心拼命工作也没关系。若真有万一，也能留下想留的东西。这让一家之主的我感到踏实放心。

当时我已经想好，若是事业上有什么问题，我也有着去当粗工或打零工的心理准备。因为每个月只要能准时付款，这件资产就不会被没收。

我抱着把自己当供品的心态，拼上性命买下了这房子。

"拥有自己的城堡"给我带来极大的自信。

我因为背着这个风险，也产生了强烈的劳动动力。毕竟房子再小，也是总公司大楼。它牢牢地扎根在那里，证明着我的努力。

向公司辞职前夕背起房贷的心情，我到现在还记得很清楚。虽然相当沉重，但均摊到每个月，绝对不是付不起的金额。但我向银行贷的款，要付好多年才能付清。在这个负担下，仿佛全身都能感受到深不见底的反弹，仿佛我与"社会"紧扣彼此、互相推挤般，是一种绝对逃不了的关系。

如果付不出钱来，社会的信用、家人的信任，以及房子都会荡然无存。这种状况让我感到既荒谬又充实。

家是你的财产，你只不过向银行借钱而已。但是借着贷款，我变成一家小公司的老板，让家人有地方安顿。以至几十年来，我都能拥有养一家人的自傲。**而这份自傲，更成为人生在世的一大自信。**

当然，若是从金钱的角度来辩论"租房比较好，还是买房比较好？"的话，则各有优缺点。

不过，还有其他与社会订立长期信用计划的方法。像结婚也是其中之一。结下一辈子的承诺，连同命运一起交给对方，互相成为配偶。经营家庭，养育下一代。这种"一生契约"是怀着应付心态的人无法完成的。结婚生子，可以说正是获得自信的"社会型长期信用合约"。

> ※ 有自信的人，许下一生才能完成的大承诺，并且切实遵守。
>
> ※ 没自信的人，无法与社会订下长期信用合约。

－ 第5章 －

刻意成长：
打造压不垮的自信

01 将内心的自卑感，转化成你爆发的能量

在公司里事事不如意，动不动就生气。被新人超越，面子挂不住。自尊心受伤，不知不觉声音也变小了。挫折感盘踞在心里，挥之不去。

但是，它却也是迈向未来的宝贵资源，是你能振翅起飞的飞行燃料。

各位知道讲述脸书创办者马克·扎克伯格的电影《社交网络》吧？这部电影是马克·扎克伯格的传记，其中传达的"个人自卑感"，是他创办脸书的原动力。

对恋爱的自卑感，对精英团体的自卑感，换言之，就是这两点，刺激了负面能量的爆发，因而成就了震惊世界的发明。

想要脱离丧失自信、郁愤不平的日子，就要在你的内心说"那种烂公司，辞职算了！我受够了"时，用心倾听内心的声音。

聆听心里妥协或放弃的声音很重要，因为那是身心受创所得到的宝贵能量，请好好运用。

用尽努力却还是无法成功，悲哀、挫折感、不安等时常在胸口激荡，如此度过上班时间的人不在少数。二十几岁时的我也是如此。

我的挫折感开始于求职时的失败。在参加招聘会时，因为表现得太直率，所有排在志愿中的公司都没有录取我。

"之前付出那么多的努力，在招聘会上却一点都没帮上忙。"

当我领悟到这点时，感觉像是被社会贴上"不需要"的标签。失败感在脑中回荡不去。好不容易找到一家公司接受我，等待我的却是更严重的屈辱。

那屈辱指的是"在并非我期望的职业领域上遭到指责"。

虽然我想得太简单，但因为"不想做的工作"而遭到批评，真的非常痛苦。

"总有一天……你们等着瞧！"

在公司度过的每一天，我的心里都抱着这种情绪。

转业了几次，但不论到哪个公司，都无法感到"倾尽全力""正在成长"的感觉。也从来没有灌注灵魂在工作上，所以周遭的主管、前辈几次不分缘由地说我"不能用"。还有人叫我"大型垃圾"。

然而，我表面上总是笑着，那完全是挤出来的笑容，只是个假面具罢了。

我一边当薪水族，一面与好友租了办公室，以它为据点，开始有组织地举办各种商务活动、学习会、促销宣传等。

回想起来，当时参加的以"谈谈真正想做的事"为主题的聚会成了联结现在工作的突破点。这个聚会帮助我开始终结黑暗的上班族时代，迎来"走向未来的微光"。

请在心中建立一个供未来起飞用的"秘密基地"，不断地充塞能量吧。

挫折感、屈辱、愤怒、不安。——把所有的负面情绪好好地储存起来，转变为飞向未来的力量。

然后，在充分准备之后，让心中的郁闷爆发出来，努力展现自我。当你专心向前奔跑，便可看到更加广阔的景色。

※ 有自信的人，把在公司的压力转变为"能量"。

※ 没自信的人，被公司的压力压得喘不过气，一再累积郁愤。

---

02 **别让你身边的朋友，变成你成长的阻力**

转业、创业、开展副业、创立小规模事业、留学、取得资格。

当我们面对新挑战的时候，有些人会告诉你："不错耶。要怎么充实比较好？"开心地帮你出点子，助你实现。当然，也有另一些人会说："很难哦。还是放弃吧。"

我们千万不能忘记这两种人的存在。

好友、同事、青梅竹马等，人生中不可缺少的就是朋友。但是，在不知不觉间，他们正阻碍着你的成长。

他们的某些言行就是阻挡你成长的原因。

"很难吧！"

"风险很大吧？"

"安定最重要吧？"

"听你说什么梦想，真能做得到吗？"

"你那么拼命做什么？"

他们大多没有恶意。但是过了二十多岁，进入三十岁后，其中某些人会因为嫉妒或羡慕，说出这样的话。

成功的人会快速闪避这种"语言之锁"，然后杰出地表现自我。而出类拔萃的人也会认识同样成功的人物，产生交集。不久后，同样积极挑战的人会形成"群体"。

挑战者群体不久后会变成成功者群体。到了四五十岁时，更加紧密地结合在一起。这种群体里的积极性会将人们包围在肯定的空气中。

二十五岁到三十五岁之间，人们的结党聚群会渐渐两极化，一种是形成拥有自由心灵、积极挑战的集体，另一种是形成心态保守的集体。前者因为挑战给自己带来信心，后者进入守势，安心合群。

若想获得自信和成功，就不能认真考虑老友们保守的"语言之锁"，也不能被这种"锁"牵着鼻子走。

加入"积极挑战者"群体，或是自己开创一个这种团体。

这并不是要你和从前的老伙伴划清界限，但挑战期间还是跟他们保持距离较好。

当你不得已，必须与不想挑战的保守群体接触时，请不要谈"目标""梦想""挑战"等相关话题。与他们享受当下，沉浸在旧日回忆中就好。这样你的目标、梦想和挑战就不会有"掺水"的状态，也不用担心"积极挑战者"会受到不热衷此道者带来的多余的刺激。

世上本就分成可以谈梦想、目标的对象，和不能谈这些的对象。千万别搞错了。

不要以为有些人是多年好友，所以就一定能理解你的理想和挑战，事实上，你也不需要强迫要求他们理解。暂时放弃与"身边的人"唱同调，然后只与"积极挑战者群体"来往，不要让身边的人成为你成长的阻碍。

为了专心挑战，走向目标，人生中有段时期，你必须把

能正确激励自己，给自己干劲的朋友、伙伴、邻居巩固在自己
四周。

> ※ 有自信的人，不断地结交"积极挑战者"。
>
> ※ 没自信的人，会被老友保守性的"语言之锁"束缚住。

03 认识并克服问题和烦恼，汲取成功的能量

世界上没有不烦恼的人。

不论是谁，都有着大大小小的烦恼。我猜想你现在也一定有着某些烦恼吧。

不过，这些烦恼都将成为你成长的粮食。每当你超越烦恼时，就会得到"超越困难的方程式"。

如果现在你快要被眼前的问题或烦恼压垮了，就把它们当成"获得自信的机会"，积极向前看吧。因为现在做的训练，正帮助你成为"解决问题"的专家。

烦恼不会白白浪费，甚至可以说是一种奢侈。

锻炼肌肉的时候，运动员会"意识"到锻炼的部位。

超越烦恼的训练也是一样，请时刻牢记自己需要锻炼和提升的部分。

工作上，烦恼某个讨厌的人时，就要锻炼"讨厌者的应付方法"，看是"逃避""击退"，还是"假装顺从"。

你会开始摸索哪种应对的模式才正确。过程虽然很痛苦，但是只有在那个时候，你的心才能确实得到锻炼。

烦恼、畏惧交际的人，为了治好它，必须竭尽所能，每天训练自己"面对陌生人，该如何冷静地说话"。在这样的练习中，他会渐渐地比一般人更冷静得体地与人对话。

现在，你烦恼的事是什么呢？

你解决了让你烦恼的事情，你可能就会成为该领域的专家。

我自己以前对金钱交涉很生涩。最严重的是在我做音乐会工作人员派遣事业的时候。举例来说，我希望能给我们的员工争取到一万三千日元的薪水，但用人公司反驳说："太贵了啦！一万就行了吧！"我就会默默接受，连"请让我考虑一下""我们先回去讨论"这样的话都说不出口。

"我们提供的人才并不坏啊，为什么会这样？"

于是，好几次我站在谈判的立场深入了解，发现一件事，那就是"工作人员都是学生，所以被看扁了"。

于是我想到，"我们不能让对方因为是学生没经验就看不起他们。我们要拿出实力，让对方不敢小看"。

下一次又处在谈判的场合时，我准备了一份资料，详细地解释自己的事业，以及员工的能力。尤其在业绩和酬劳体系上，我用了最多心思。拜这份数据所赐，当对方说"太高啦！便宜一点！"时，我也能笑着说"因为××原因，我们不能再便宜了"。

自从这一连串事件后，我再也不以生涩的金钱交涉为苦了。甚至我还把"可以要求到什么地步"（还价）当成一种乐趣。那是从前的我想都想不到的。

现在，让你烦恼的大问题是什么呢？请按捺住想逃

走的冲动，勇敢地面对它吧。接下去的每一秒，都会切实
地改变你。

※ 有自信的人，把问题和烦恼当成磨炼去认识、克服。

※ 没自信的人，被问题和烦恼压垮，只想逃避。

---

04 内心不安时，请直视不安的
原因并克服不安

上班族都有被裁员的不安。业绩越是不好的人，越会烦恼"若是突然叫我走，我该怎么办？""还能继续工作下去吗？"，就算不用担心裁员的人，也会为"收入的减少"感到不安吧。

但是，这里有个出人意料的事实。

几乎所有的人，都不会去探究自己"为什么不安"，只是在"不安"隐约出现时，便停止思考。

究竟，收入减少造成的坏处是什么？

会因此受到什么限制，生活会不方便吗？

请把它造成的不安具体想出来。单是此举就能朝着解决问题的方向前进，实际的解决之道也会渐渐浮现出轮廓来。

"每个月的收入可能减少十万日元。"

为此坐立难安的人，只要把它产生的弊害写出来就行了。大概是"没办法付房租""没办法去旅行"之类的事吧？好，从这里开始才重要。

仔细思考"如果真变成那样，我要做什么？该怎么办才好？"。

把家搬到郊外去，找个租金便宜一点的地方不行吗？周末徜徉大自然，就不会花钱了，不是吗？如此还可以提振精神，一举两得。

此外，在家里用购物网站或拍卖网站，制定多赚五万日元的计划。经过几年后，就可以步入正轨。这么一来，到了退休之后，或许不靠退休金也可以自力更生。用这种方式思考具体的解决对策吧。

不知道自己为何不安，天天处在暧昧不明的状态是最下下策。摸不清敌人实相，本能地感到恐惧，处在这个阶段其实是最可怕的。同时，这段时间，人的自信心也是最萎缩的。越是不认输、努力不懈的人，越是容易强迫自己把不安糊弄过去。但是，一再隐忍的生活，只会把你逼入"失去战意"的境地。

有一位在网络影音公司广告部门上班的A先生（四十岁），他对公司未来走向十分忧心。公司业绩恶化，前辈和同事纷纷跳槽，因而必须面对整个部门裁撤的现实。公司推出形形色色的业种，企图靠此起死回生。A先生也成为公司新项目的主创成员。但一方面工作性质跟自己不合，再者他也不相信这个事业的前景，因此，A先生把不安的原因具体化。

"公司破产或部门解散的话，几个月后将开始没有收入。没有收入就付不起房租，就只能回老家。我想避免那种凄惨的状况。"这是具体性的弊害。接下来，A先生又思考具体性的对策。

"为了避免未来生活困顿的局面，必须先投石问路，寻找下一个工作机会。先和在自己有意向的公司工作的朋友见见面吧。接着再参加交流会，增加人脉；取得定期招人、临时招人的内部情报。然后列出五个随时都接受面试的公司名单。"

将不安结果的实际弊害具体化，想出数个避免受害的方法。借此消除不安，确定自己接下来该走的路。如此一来，

就可集中火力在解决对策上，不论发生什么事，也都能有万全的准备。

别再抱着朦胧的不安兀自忍耐了。彻底地分析一下，到底自己为什么不安。这个小小的举动，将会改变你的人生。

※ 有自信的人，找出不安的原因，有条理地应对。

※ 没自信的人，不敢直视不安的原因，惶惶不可终日。

05　相比他人评价，更重要的是自己的感受

　　有些人会把人生的标准定为"是否受到别人的尊敬？"
"是否受到另眼相待？""有没有被看不起"等，而不是自
己对生活的满意度。

　　虽然在意"他人评价"，却又漫无目的，年复一年地做
着自己并不拿手，也感觉不到意义的工作。

　　而且，一旦遭受一点点恶评就久久无法释怀，丧失自信，
沮丧地想"自己这样对得起自己吗？"。

　　听起来有没有当头棒喝的感觉呢？

　　如果你是这样的人，强烈建议你快快从被别人的评价主

导的日子里逃脱出来。订一套自我评量标准，在心中建立不动摇的轴心。

如果你对自我评量标准毫无头绪的话，请先问自己两个问题。

一、现在，我能做自己想做的事吗？

二、现在正在从事的事，让我感到快乐了吗？

我希望你注意一点，不要过度考虑"与别人比较"和"社会的标准"，不要用"自己能不能感觉到优越感"来思考。

这里，我要说个朋友的故事，他很好地建立了属于自己的自我评量标准。

一位在某大广告公司上班的先生，三十岁左右时，屡屡立下辉煌的汗马功劳，奋斗至今，得过无数的广告奖，在业界也晋升到了名人阶层，后来也顺利地升到管理岗位。自己想做的工作得到社会的认可，也得到了别人对他"飞黄腾达"的评价。

但是，在升职的同时，他也被分配了另外一些他"不想做的工作"。这不是他拿手的工作，所以他的压力巨大无比，他也对无能的自己感到十分痛恨。

因此，他下定决心自愿请求调派国外，离开本地去开拓海外市场。现在他在新加坡，开拓全亚洲的广告业务新市场。每天仍像年轻时那样过着心跳加速的日子。

抛开"别人怎么看我""我在社会上算成功吗"的顾虑，把焦点放在"可以给自己带来快乐且自己想做的工作"上。

我再强调一次前面说过的话。

"他人的评价"不重要，重要的是"自我评价"。

重要的是你打从心底想做。如果能对它产生感情，你就已经成功一半了。

从"别人评价"的地狱中爬出来也是同样的道理。接下来只要朝着憧憬的金色目标，一步步过关斩将就好了。

别人贬低你的言论、否定你的话语，都只是一时兴起随口说说而已。他们有可能只是自己工作不顺，还担心别人变好罢了。你没有那个闲工夫去听这些话。

专注于自己的目标，努力将它实现。这是个简单的习惯，也是让自己"拥有坚定自信"的快捷方式。

※ 有自信的人，直觉地遵从心中涌起的向往之情。

※ 没自信的人，假装努力于无动于衷的事态。

06 搞点副业，用自己的品牌强化自我信心

近来，愿意接受员工从事"副业"的公司变多了。

副业分为两种方法，一是受雇去"打工"，一是自己做点"小事业"。想学什么技能的话，"打工"是个合适的方式。但是建议你最后还是要走向发展"小事业"展现自己这条路上来。原因是"赚来的钱比较多""能获得真正的自信""不论到多少岁也不会被裁员"。

或许有些人还没有搞清楚副业的意义到底是什么。

但是，身为上班族，应该至少做一次副业。

因为，你通过做副业赚取酬劳，用的是"自己的招牌"，而不是"公司的招牌"。这两者之间，有着天壤之别。

那么，该怎么做才对呢？我们按顺序来看看。

首先，通过打工或打杂先暖暖身，同时寻找可以当作自己招牌的工作。那可以是网店、餐厅酒吧，或是咖啡小馆。也可以是什么教室、课程、活动营运，什么都行。

决定之后，自己再想个名字当作招牌，你可以开一个网络账号，打上招牌，写些自我介绍，记录活动日记。要有恒心地写。文章好坏不重要。晒出大量照片，用视觉信息来营造临场感。从准备阶段就要开始持续地写，但绝不要表现出"这是副业"。顾客不会把工作交给一看就知道是副业的业主，也不会买他们的商品，更不会把服务委托给他们。**为了不失去消费者的信任，你必须表现出敬业的态度。**

然后，每天更新动态，传达你认真的心态。展现人情味，把热情表露出来。持续半年、一年，即使一件订单都没有也要持续。你的未来就会从那里开始。有订单进来之后，就要拿出专业的态度，认真处理。

酬劳方面，所有的到账金额纯粹是你个人的。报酬从零到一百日元，都是你靠自己的劳力得来的。

换言之，这证明了你所做的工作得到了认同，从社会"市场"上得到了从零到一百的报酬。

而且这时你的紧张感一定会前所未有地高涨。因为所有的责任都落在你肩膀上，眼前的工作从"与己无干"转变为"自家的事"。随后，你会产生不可思议的变化。从前从未注意的事情，现在都会仔细紧盯。

"名片可以设计得再漂亮一点吗？ 标题不能再醒目一点吗？ "在这种气氛下，工作质量会大幅提升。

使用自己的招牌、自己的品牌来从事副业的优点，就在这里。

※ 有自信的人，在经营"自己的招牌"过程中，加强了自信心。
※ 没自信的人，把在公司不受赏识的日子，错当成对人生整体的评价。

07 通过"他人的肯定",让自己变得更优秀

　　每个人都有长处。也应该都有属于自己的"强项",作为自信来源的根据。但是,人是一种不可思议的生物。

　　人有种习性,在失去自信的一瞬间,就会看不到自己所拥有的长处。只要一否定自己,最后就很难从"自己没用"的偏执想法中脱身。你曾经这样想过吗?

　　你有没有因为小小的一点失误,就全盘否定了自己的人生呢?拼命努力却没得到期望的结果,目标未达成,以失败告终。

只是一个比赛的失误，却用放大镜检视，连自己的人生都否定掉，这实在非常可惜。有类似经验的人，我希望你做一件事。

尽可能收集"跟自己长处相关的客观数据"，把长处的存在，塞进自己的"意识"中。

你要做的事只有一件。

你只要问同事或朋友"我的长处在哪里？"就行了。

我想对方可能会有点惊讶："嗯？怎么突然这么问？"这时候你也不需隐瞒，坦白地说"最近有点沮丧""工作不太顺利"。

如果彼此有互信关系的话，直接说"我最近看不到自己的优点，所以想确认一下"也不错。

提出这种程度的问题，只要有一分钟就足够了。之后若还有两分钟，就请对方列举你的长处。这对你的乐观心态的形成非常有用。

发现"自己没意识到的长处"，并将它刻在脑子里。

通过"向第三者确认自己长处"的行为，仔细向朋友或同事等问出自己的优点。那是自己之外的人对自己直言的评价。

残留在耳边的声音能守护你的心，并且能帮助你找到自信。

长处早已存在于你的身体里，三百六十五天，二十四小时，一直都是——现在这一刻也存在着——你只是暂时没看到它而已。

借由第三者的声音，把它引导出来吧。你必能立刻恢复自信。

不只是有利于优点的发现，"向人请教"这个行为在所有场合都有用。在你的人生中，若感到迷惘，**请不要独自关起门来思考，养成"向人请教"的好习惯。**

出乎意料的意见、封闭在记忆中的经历，必定能改变你的现状。

※ 有自信的人，借由"他人的肯定"，让自己变得更加优秀。

※ 没自信的人，陷入"偏执的自我评价"中，折磨自己。

08 关注服装和外表，展现自己的生活态度

大多数的人，都会有"外表自卑感"。

因为这样的自卑，很多人避免到时尚人士聚集的场所，或是无意识地逃避自我。

"自己不太擅长社交。"

你会这么想的话，很可能不是内在性格的问题，而是"外表修炼不够"。或者也可能是自我形象设定太低的缘故。

服装和外表都需要投资。

光是做到这一点，就能大大拓展你的活动范围。所结交的人的量与质也会大幅提升。

两三匹布就能改变你的人生。将外表和服装升级，你便能自信十足地与陌生朋友见面。

不妨买下杂志上推荐的完美服装、饰品、皮包、鞋，试着穿起来在镜子前看看。那一刹那，你一定会想快点让别人看到自己焕然一新的面貌。

外表变美、新衣服上身，你也等于穿上了"自信的制服"。

人会用"视觉"来判断对方是什么样的人。不论口头或文字如何说明"有没有魅力"，我们都没办法百分之百信服。所谓"百闻不如一见"，肉眼实际看到时，一秒就决定了评价。

有位 O 先生因为工作太忙，无暇去买衣服，最近经常穿得很邋遢。他的西装，是很久以前的打褶宽筒裤，配双排扣西装外套。他的便服，则是有奇妙花纹的夹克，搭配双褶线工作棉裤。脚上的运动鞋已经变灰，后跟也踩扁了。

于是，在交流会上，当少数穿着帅气的人经过眼前时，他就会举止怪异，甚至想要开溜。进而在男女联谊的场合，只要一有漂亮的女性来到眼前，他就开始不安。到最后，他被排拒在重要的聚餐之外，就这样过了好几年。

我实在看不下去，有一天把他带到服装店，帮他从上到下搭配衣服。又与店员讨论，决定了购买清单。我们选了上班、日常都能穿的外套、长裤、鞋、皮带、衬衫和领带，然后让他全部穿戴好。

"简直变了一个人！"他喜出望外地立刻买下外套、衬衫和最近流行的紧身牛仔裤、鞋、领带和领巾。

从此之后，他完全改变。

他乐于参加初识者集合的场所。令人惊讶的是，他的说话态度也充满自信，声调也不自觉放大了。与稍显华丽的女性也能有来有往地聊天，从前畏畏缩缩的态度消失无踪。他也不再抗拒邀请异性到高级品牌店约会，每个周末都排满了行程。

在此之前，他否定"时尚而华丽"，认为不做虚饰才是美德。但是，那个习惯限制了他自己，也削弱了他的行动范围和社交性、积极性。现在，这些都完全改变了。

最近新交往的朋友都不知道他的过去，以为一直以来他都是这么"时尚、有品味"。这样很好。

在镜子前照照自己焕然一新的外表，光是这样，就能对
自己暗示"自信心"。

不过数万日元的投资，人生就会改变，何乐而不为呢？

※ 有自信的人，了解"服装"给我们生命的动力。

※ 没自信的人，把服装搭配误以为是无能的人才做的事。

－ 第 **6** 章 －

即刻行动：
塑造"崭新自己"的
八个习惯

从他人的笑容中，获得坚持下去的勇气

让人开心、得到感谢——很少有这种机会的人，不太容易得到自信。就算学校成绩再优秀，工作业绩再亮眼，就算是个富翁，就算出人头地，他永远都没有自信，总是惴惴不安。

很多销售业绩相当好的网店店长，或是网络影音制作人，都会把"没自信""对自己的事业没信心"当口头禅。尽管已经成功或快要成功，却没有信心。原因何在呢？

其实很简单。他们看不到客人因为他们拼命努力而感到喜悦的脸。光是如此，人就会感到不安，并且丧失自信。

若你也有相同的感受，不妨试着在每一星期中花一天的时间去从事看得见客户表情的业务。可以与主管商量，请土管开放一个与主顾客，或一般消费者见面的机会。如果公司工作上难以做这种安排，那就在工作外的时间，自己制造"看得到别人喜悦表情的机会"，用自己拿手的事情，让别人开心吧。

请最近很卖力的后辈去吃饭，嘉奖他的努力。

在自己的朋友圈、脸书等账号上，帮最近卖力工作的熟人、朋友，宣传他们的活动。

而绝对有效的是去做义工，为有困难的朋友送去帮助。

这些事的目的，是得到"笑脸"，为了让你亲身体会有人需要你。**直接对某些人服务，在这样的活动中，收获最多的是你自己。** 得到喜悦或感谢的笑脸，就能得到真正的自信。

自己劳动之后，就会看到某人的笑容。那一刻，自信萌生，不安消失。而每当有人泛起笑容，那份喜悦会促使人产生"我想再多做一点试试"的动力。当下一个行动发生时，又会得到令人满足的笑容回报。于是"自己有被需要""自己是个能拿出成果的人"的自信将渐渐累积起来。

有位 E 先生在网络上以个人卖家销售饰品为业。开业三年，E 先生月营收超过两百万日元。就个人事业来说，他走的路线相当成功。但是，他开始有些烦恼："自己好像被社会遗弃了""觉得自己的工作不被社会认同"，最近甚至开始定期到精神科就诊。

我建议他说："要不要办一场粉丝会？"于是他立刻在向买家发出的信息中添加"活动详情"，以设计师与消费者集会为名，免费举行简单的体验会。约有二十位粉丝参加，实际体验饰品的制作，加深彼此的情谊。

"我是这品牌的忠实粉丝哦。"

"真高兴能和设计师见面。"

参与者的响应令E先生非常感动，也顺利找回了自信心。此后，E先生每两个月一次，不计成本，举行这种见面会。直接接触消费者的笑容，找寻自己的存在意义与自信。

当自己花费心血完成的工作让人们展开笑颜时，那种满足感，世上是没有别的事可以相比的。不只获得精神上的满足，也可以感受到自己受到认同，被人需要。一再累积后，心中便会扎下坚定不移的自信了。

※ 有自信的人，通过"无酬工作"得到笑容。

※ 没自信的人，被盈亏摆布，重视金钱更甚于笑容。

02　心情低落时，尝试切断"信息来源"

请你回头想想过去"心情低落的原因"。

与特定的人接触，或是听到特定信息时，是不是会突然感到沮丧呢？

我想你一定也有类似的"固定模式"。

建议你暂时切断可能造成沮丧原因的信息来源。

情绪低落的原因，大多是从计算机、手机等电子器材来的。特定的人发来的邮件、群消息、SNS 信息等，或是通过这些媒介在与人沟通的过程中，感到沮丧。

原本无话不谈的好友，传来的信息却狠狠践踏了自己的心，不由得勃然大怒。还有，看到最近工作一帆风顺的同事成绩亮眼，因而感到嫉妒或自责。这种案例也经常可见。

比较，常令人丧失自信。

这时候，不用勉强自己去面对这种信息，而是必须有切断它的勇气。

当自己跟别人相比而感到痛苦时，就试试"**关闭、封锁、离开**"的策略吧。

心有戚戚焉的朋友，只要暂时将周围信息封锁就行了。一天中有一半的时间不联络也行。只有一天不联络，就算关系变坏，也还不至于当不成朋友。

然后，希望你尽快体会一下"就算封闭也不成问题"的感觉。身旁的朋友大多会自我解释：

"他没有回信，一定是在忙吧"，或是感觉你"好像多少有点任性"，如此就结束了。

"平常总是实时关注网络信息，也很讨厌被别人认为'最近那家伙好像很孤僻'。"有这种想法的人，大多是别人口中的"好人"。但是，对社会上忙碌的人或重视效率的人来说，本来就不需要在意别人的观感。

有位在科技公司上班的 K 先生（三十八岁），他也有经常将自己与别人比较的毛病。不论是学历、成就、才艺、知识，任何一切，他都会因为"小小比较"而患得患失。

本来他的性格不太会因为朋友的成功或挑战而感到喜悦，也不会给予支持。但有一天，他发现自己心情低落、信心丧失的原因是"自己与周围比较"。然后，他察觉自己嫉妒"朋友一帆风顺的成功故事"。从那时起，他改变了。

他贯彻"专心工作，切断周围信息的策略"。与别人比较，而令自己不愉快时，他就不看朋友圈，或朋友发的群消息。一心一意放在工作上，维持单调的生活，切断周围朋友的信息，沉浸在犹如"独自到孤岛上班"的氛围中。神经紧绷的情绪因而消失，工作的成效提高，笑容也开始增加了。

"这一个月专心在工作上，很多信都没回，真是不好意思。"

一句话，就为对周围的冷淡找到了正当理由。周围的朋友也用这样的印象来看他，他终于可以从自找罪受的痛苦中解脱了。

现在，他每天写日记，但几天才看一下别人的朋友圈。此外，私人的邮件每三天整合起来一起回信。如今，他能以平静的心情专注于眼前的工作，成果丰硕，也得到了自信。

※ 有自信的人，果断地切断"打击心情的信息来源"。

※ 没自信的人，受不了孤独，摄取"信息"，因而丧失自信。

03　你的面貌寒酸，是因为人脉太寒酸

一个人充满魅力，又有丰富人脉，他的气色也会显得丰润。相反的，一个面貌寒酸的人，人脉也会很寒酸。说得更直白一点，你的"脸"，只不过是你拥有的人脉和伙伴的"脸"。

常听人说："**身边五个人的平均年收入，就是现在自己的平均年收入。**"但它不只限于年收入，也可以套用在所有事物上。

你现在要做的，是对社交进行投资。

具体来说，就是参加交流会、学习会、研修班等。或是多攒点钱来参加同学会、派对或聚餐。

举例来说，一年参加五十场单次五千日元^①的交流会，在那里尽可能增加新的人脉。每周参加一次具有某个目的的聚会，为了达到这个目标，一年请先留出二十五万日元作为交际费。

"二十五万日元，简直不可能！"应该有人会这么想吧。我明白你的想法。只是即使如此，我还是希望你把一年参加五十场单次五千日元的交流会当成目标。理由有二。

第一，关于"五千日元"这个价格的设定。交流会有很多等级，从免费开始，顶级的甚至超过十万日元。交流会的质量与价格并不全然成正比，但"即使出高价也想参加"的人比例越高，学习的质量也会提升。分界线之一就是五千日元。免费的研习班也不错，但我希望你多花点钱，把它当成对自己的投资。

第二点是"自费"的行为。这一点影响很大。

当我们发现事情"落到自己头上"，而不是"别人头上"时，便能发挥强大的力量。自费的行为，就是"落到自己头上"

---

① 本篇内文所提及的交流会费用，是以作者所处的日本现况为例，谨供读者参考。——译者注

的诱导素材。

有时候，公司会提供经费，作为员工自我启发之用。不过，我建议你最好自费。虽然这话说起来很俗气，但自费之后，你的心态就会转为"我要捞回本！""我可是花了钱咧"。

你参与的心态越是积极，越容易挖到优秀的人脉资源。成功人士或是挑战意识高的人，看到你的态度后，应会对你产生好感。

找到人脉资源之后，就多多参加那种聚会吧。

不是一两次而已。好人脉的后面还有好人脉，所以应该更进一步，参加你认识的人都会出席的聚会。持续不断地投资人脉资源。同时，绝不要执着于一个聚会，多参与各种类型的会议吧。

我再传授各位一个甘愿参加交流会的重点，这个重点很简单，就是"自我介绍请控制在三十秒以内"。

在交流会上，有相当比例的人为了让别人看清楚自己，或是想讨人喜欢，会在自我介绍时说个没完。听起来就像不可靠的推销话术。越是不自在的人，这种倾向越强。

你是为了学习而来，别人也跟你一样，因此不能让彼此的时间白白浪费。不需自吹自擂，递出名片，人家就知道你是"卖什么"的了。

把时间和金钱花在话不投机的同事酒会上只是一种浪费。应该把钱和时间投资在有意义的工作上，或去结识为你创造新人生的人物上。迟早，你会感觉到如鱼得水般的享受。

> ※ 有自信的人，"不断与人认识"，吸取成长养分。
>
> ※ 没自信的人，在有限的人际关系中，埋没在僵硬的人际关系里。

04　成为独一无二，是你获取成功的捷径

　　想要在社会上成功，大致有两种方法。一种方法是"钻过窄门，成为精英"；另一种方法，则是"成为独一无二的人"。

　　前者"成为精英"的方法，指的是通过考试，获得一流企业的面试任用，或是取得高难度的国家资格，担任专门职责。以现在的现实环境来说，一流企业往往只录用高学历、排名靠前的明星学校科系出身者，学历低的话，很难取得一流企业的正式聘用资格。

此外，进入大型一流企业之后，竞争并不是就此结束。只有在其中找到合乎自己专业和性格的"安身之处"的人，才能产生人生价值与自信。因此，怀抱挫折感、不安，甚至丧失信心的人不在少数。

那么，另一个方法如何呢？

那是一种"让自己在该领域、该工作上成为独一无二"的方法。我指的是**把"拿手的事""喜欢的事"当成职业，在已有的商品或服务中加入"自己的点子"，然后得到别人的支持。**

看到这里，我相信有人会这么想吧：

"能成为独一无二当然很好，可是，那不是需要极高的才华吗？""一般上班族根本不可能成功。"这是个大误会。

打出独一无二的招牌并不难。我来说说一位朋友的故事。

他以前在保险公司上班。他的工作就是拜访有潜力的客户、卖自家的保险。透过保险服务，贴近客户的人生。他对自己这份工作感到很骄傲。

但是几年后，他心中开始挣扎。

"如果真的为客户着想的话，在这种状态，××的保险比较好。"

这样的案例有增无减。既然是领公司薪水的员工，他只能卖自家的保险。然而，这么做，却会对客户造成不利。

他烦恼了很久后，向公司辞职，经营一家"比较、贩卖保险的保险代理店"。现在这种服务已取得认证，但在当时，家人朋友一再质疑他："这种服务能做吗？""你放弃原本的高薪，太可惜了。"但之后事业的成长却快得跌破大家的眼镜。现在，他成为这一行的佼佼者，取得了非常大的成功。

这种例子俯拾即是。

有人在人才派遣公司工作后，集中火力在"服装业界专业人才派遣业"而取得了成功。有人在广告公司，经手处理了各个岗位的工作后，成为网络广告专家，并且收获丰硕。也有人从网络内容事业，跳到专做"电子书"的领域，成为业界的领军人物。

就像刚才说的，**他们并没有特殊才华或革命性的创意**，但共通点是将"自己拿手、喜欢的事"作为职业，然后只是在已成立的商品、服务上加入"自己的创意"而已。

找到能让你独一无二的事业并不困难。希望你也能寻找到只属于你的，只有你能做的那份"独一无二"。

※ 有自信的人，透过每天的工作寻觅"独一无二"。

※ 没自信的人，无法抛开"反正我也做不到"的自卑思想。

05　勇于尝试不可能，
　　用创意赢得人生

世界各地有许多崭新的商品与服务上了报纸成为大新闻，仔细探究的话，会发现其中不少是异类的组合。将看似绝不可能在一起的用品合体之后，发挥了新的效用与功能。

举例来说，现今看起来稀松平常的商品——"具有相机功能的手机"，是"数码相机"与"手机"的组合。

这种组合的创意，可以运用在所有可想到的商务上，希望大家务必掌握住这个原则。

"想不出新点子。"

"我最怕提策划案。"

即使是这样的人，也可能因为"组合的创意"而成为策划达人。而要做的事只有一件，只要"将绝不可能的东西组合起来"就行了。

"如果 XX 和 YY 组合起来的话，可以提供什么样的服务呢？"

我希望你把那种"猜猜如果……会怎么样"的问题丢给自己。用"什么与什么合在一起的创意"进行新的思考练习。

把一时映入眼帘的"手边之物"组合起来看看。尝试性地在脑海中把最近的东西、身边朋友的工作组合在一起。"如果合在一起的话会怎么样？"开始天马行空的想象练习。

"居酒屋和休息室组合起来的话，喝完酒就可以睡一晚了。"

"漫画网咖与按摩室组合起来的话，就可以一边翘班一边消除疲劳。"

"寺庙和旅馆组合起来的话，就可以开启打禅旅游或抄经旅游了。"

两者合在一起之后，思考对双方"能不能产生利益"，若对双方都有利益，则组合就"有谱"了。

你要注意的只有一点，那就是立刻掌握住这样的创意。

周围的人若是说"这点子很独特！""哦，很有新意耶！"，那就表示够可靠了。每次的创意都会给予你不可动摇的信心，别人评价的变化也会带来自我评价的变化。

有个人以前从事手机的经营贩卖，后来转业到活动营销公司上班。新公司"会议创造力之高"令在前一个职位一向苦干实干的他瞠目结舌。会议上，大家为了销售客户的商品或服务，争相丢出各种稀奇古怪的点子。在他看来相当不错的创意都被吐槽"太天真"而遭到否决。刚转过来的他，水平望尘莫及，根本没有机会发言。

进公司三个月后，主管终于指示他"下星期的会议上发表十个创意"。他采取"异类组合"的模式来思考新点子，把客户的服务和"不可能的元素"组合，制造话题，然后再思考提升来客量的策略。最后，他夜以继日地想了一百个以上的点子，终被大家采纳了其中一个。从此，他克服了"会议恐惧症"。

另外，也有人利用异类组合的发想，让事业大展宏图。

有位年轻企业家**运用"咖啡馆X英语会话课"的组合创意，发展出成功的事业。**他在全国开展派遣英语会话老师到学生指定的咖啡馆教学的事业，学生可以挑选自己喜欢的时间，在附近的咖啡馆或家里，与外籍老师进行一对一的英语会话课程。因为方便又轻松，受到全国各地相当多使用者的支持。

※ 有自信的人，可以利用"不可能的组合"做崭新的创意。

※ 没自信的人，害怕失败，做不到与别人不同的创意。

06 优秀的人，都能从阅读中汲取力量

人有时候会突然感觉失去自信，心头忐忑不安。

丧失信心与沮丧的时刻无预警地侵袭而来。有时在工作中，有时则在家里房间独处时出现。这时候，可以借助书籍的力量。

为什么是"书"呢？有两个理由。

第一，书中写有他人曾经面对的问题与突破它的方法。

心情低落，或是有问题时，并不一定都要找人商量。而且，有时遇到的问题，也无法向人开口。这时就必须借助书籍的力量，再加上自己的思考，才有可能突破眼前的困境。"自

行解决"这个动作十分重要，因为它能让人产生自信。此外，作者的信息本身有时也会带来动力。

第二，书有个特色，就是"不论何时何地都能带着走"。其实这一点十分重要。市面上有许多介绍所谓"读书法"的书，但那些书却意外地都没有提到这个特点。

准备一本你"读了就能给自己打气的书"，随时带在身边。当心情有些低落时，就立刻打开那本书。

重点在这里：**必须在心情掉到谷底，自信心完全丧失之前读才行。**一察觉"好像有点沮丧的征兆"，就立刻拿出来读。越早打开，你的自信心和干劲也会越早恢复。

为此，建议你随时在身边放一本作为"常备药"的书。公司抽屉里、书包里，自家床头也行。希望你明白，书是学习的工具，同时也是"一天二十四小时随时都能帮助我们的助手"。

那么，我们该怎么选书呢？

首先，到书店去。在里面至少待一小时。先确定自己目前的状态，再决定选书的目的。这点很重要。请在脑中清晰而具体地想象自己"想变成什么样子"。

举例来说，当"自己的人生感觉不到成长，郁闷难解时"，也许成功者的传记或方法论会是适合你的书。

此外，天天加班，被工作追赶的时候，工作术或时间管理术的书会很适合。

像这样，先在脑中想好打算买的书，然后在书店里转转，若是看到有点打动心灵的书，就拿起来看看前言和目录，然后买个两三本回家。

第一次读的时候，把对自己有用的句子，或能激发自信的句子用荧光笔画下来。心情低落或面临信心危机时打开看看。

文字有它的力量，可为心灵点燃勇气之火，也是给我们力量的强心针。

以我来说，当我需要斗志或给自己打气的时候，就读杉村太郎的《热词》。此外，在有系统建构的公司工作，面对动员众多人数的策划时，我会读本田直之先生的《杠杆时间术》。

不同状态下搭配的"处方"是各不相同的。举例来说，"大案子来临前""疲倦、看什么事都不顺眼时"，需要看的书目是不同的，希望各位能好好扩展阅读的题材。

随时在手边准备好安静的助手——书，它能帮我们维持自信，让我们一辈子都能从中汲取前进的力量。

※ 有自信的人，"常备"给自己力量的书，并尽可能运用。

※ 没自信的人，随意浏览书页，重要时刻却没派上用场。

07 失败的经验，是你最有价值的"宝藏"

当你向新事物挑战，一定会遇到无法如你所愿的事。而新的挑战，也可能会伤害到人际关系。你会受伤、失望，变得软弱，甚至说出"我想放弃了！"这类的话。但是，世上所有的事本来就不可能"从一开始就很顺利"。

然而，你在此时却可得到无可取代的"宝藏"。通过这个痛苦，你的心变得真正坚强。思考得到强化，有了新的态度，思考逻辑会深深地刻在心底。

面对失败和痛苦，不要认为"自己不行了，做不到"，而是必须养成思考"我能从中获得新经验！"的习惯。

若能体验到销售的工作，便能在销售过程中获得一些经验。从事业务工作、策划工作，就能分别得到这两种工作的相关经验。它们会与紧张、不安等情绪，一同鲜明地烙印在记忆中。所有这一切，都是在调整后可再次利用的资产。

在朋友关系、恋爱关系中也可以套用得上。虽然受了伤，但在这个过程中，你会以自己的方式，渐渐建立起与别人相处的方式。

本田企业的创办人本田宗一郎，也曾谈过失败的重要性：

"我们不是赌徒。就算输了，也要知道为什么而输，这样才输得有意义。"

这句话让我们深思，从失败中得到的教训有多么重要。

我自己在年轻的时候，挑战过五十种以上的工作。它们对现在的人生和工作，都发挥了极大的功效。

中学时，我在庙会小摊上兼职卖货。与朋友去逛庙会的时候，我和看守摊子的一位哥哥成为好朋友，因此他用时薪三百日元请我打工。在这里我学到了"卖东西的时候，先别向客人搭话，静静等着，任他们拿起商品来看"的重要性。

十八岁的时候，在加油站打工，从工作的经验中，我学会了有效擦窗、道路交通指挥的方法，认识到用招牌、旗帜吸睛对于提高业绩的重要性。也曾经把一般汽油和高级汽油搞错，因而挨了顾客或职员一顿揍。

除此之外，我又做过艺人助理、节目制作人、舞厅的店员、遗迹挖掘者、杂志编辑助理、活动开发等，每一件工作，都让我学到了一些从书本上无法得到的知识和能力。而且，我也经历过许多失败、训斥、打击，但那些全都转化为了信心的源泉。

这些是我二十二岁之前经历过的往事。大学毕业以后，我又通过经营副业、担任义工，经历了新的失败和打击，但仍旧投身新的场所。每次了解不同的机制与工作的运行，我对新的世界又充满了兴趣。

如果我只懂得在学校学习，或是只做公司的工作，一辈子庸庸碌碌，现在不只没有信心，恐怕也无法客观地看待人生。

向新事物挑战才能得到荣耀的伤口，才能获得成长。只有经过反复的自我淬炼，才能累积起你的自信。**害怕疼痛、逃避挑战，会让你失去成长及获得自信的机会。**

如果对什么事都不愿意挑战，自然不会感到疼痛、苦难和伤心。但是，在那种生活方式下，你也将永远得不到成长。

※ 有自信的人，把在挑战中受的伤当成"新自我的营养剂"。

※ 没自信的人，把在挑战中受的伤当成"单纯的创伤"。

08　请与给你负能量的朋友保持距离

　　有的人无法从"软弱无助的自己"跳脱出来。这些人有一个特征：他们一直都和"心肠软弱的朋友、伙伴"等这些烂好人组成所谓的"好友党"。

　　虽然珍惜多年老友并非坏事，甚至可以说是维持人情味的必要条件。

　　但是，只会"你也这么糟啊？""我也是"，与烂好人伙伴们互相验证彼此没有成长，然后放心地继续生活，这样的做法是不行的。

　　得来不易的努力或上进心将因此全都化为泡影，你又将被拉回到成长前的自己，因此，与没有上进心的昔日伙伴或朋友，最好保持一点距离。

我刚创业不久，有一天，我与从前任职公司的旧同事、主管几个人去喝酒。

谈到过去，大家聊得兴高采烈，十分开心。但是一谈到今后的话题，空气瞬间改变。

"自己想做的事，做起来却不简单""随便玩玩的日子该结束了"等，大家纷纷冒出悲观的话语。但是，却完全没人提到"那该怎么解决？"。

我直截了当地说："我想一边写作一边开公司，做喜欢的工作，勇敢地追逐十年。"话说完之后，问题来了。突然，我遭到枪林弹雨般的言语攻击。

"你又没有什么特殊才华，这么做不是痴人说梦吗？"

"我跟你是朋友才劝阻你。你这样搞，太辛苦了。"

"你要想想家人，别让孩子和家人流落街头啊。"

那一刻，我几乎被拉回无能上班族的时期。后来有一段时间，我一直被自己无能的影子缠绕。如果像从前一样，每天跟他们见面，我就真的会回到从前，又恢复成没有自信和干劲的人。

你也有同样的经验吗?

如果感到心有戚戚焉,希望你尽可能与这些朋友们保持距离。

不是只有"互舔伤口、心地善良的老好人"才会让你保持软弱的状态,老是出言不逊,用奚落的口气骂你的人也会。

如果对方是个守护你成长,或敦促你成长的人,那还算好。但是,有些人看不起你,非得把你压在比自己低的位置才感到安心。另一些人则是用"不可能,你做不到!""嗯?你吗? 门儿都没有! "这类的话来压制你。千万不要成为他们的猎物。

你没道理依照他们预设的想法去走你的人生。把他们的歪理丢一边去吧。

为此,你不能将他们放在"视线"之内。请表现得冷酷一点,让他们觉得你"最近不太跟他们来往"。

新认识的朋友绝不会认为你是个"软弱的人",而会觉得你是个"朝着目标努力,既勤奋又进取、善于社交的人"。因为他们并不知道你的过去。

如果你当真想成为坚强、有自信的人,现在就要挥剑斩断旧情。过去的朋友、同事、伙伴中,把你看得很软弱的人;

互相舔舐伤口，或是聊些消极话题的人，请下决心在一段时间内不要与他们见面。或是准备好绝交的打算。被"软弱的人"当成"跟我一样软弱的同类"对待，你是绝对无法成长的。

※ 有自信的人，在"成长茁壮"之前，会跟周围的负向朋友保持距离。

※ 没自信的人，在"成长的路上"被周围的负向朋友一再牵绊。

结　语
来，请先踏出第一步！

看完本书的现在，你的心里应该已经种下了"自信的种子"吧。这颗种子也就是"也许我能做到"的想法。

但是，它既不成熟，也很脆弱，也许立刻就会消失。

想要让"自信的种子"结成真正压不垮的信心果实，还得进行训练。就像是"练习——比赛——体会胜败——再继续努力"的运动模式。

练习自信，并不是看完本书就结束了，你必须展开实际的行动，让"自信的种子"成长为"自信"。

如何面对曾经失败的自己

我在"前言"中提到，我的人生并非一帆风顺。

从年幼的时期开始，就遇到一连串悲惨的"幸运"。

我说"幸运"，是因为正是坠入谷底的经历，才能让我领悟小成功的重要性。

那段时光，父母对我永远只有责备，就因为如此，我从小学时代起，就有强烈的意识，认为"自己将来反正一定是个废材"。

因为素行不良，以及别扭的性格，父亲每天照三顿打我。在学校里也频频犯事儿，打架、冲突是家常便饭。光是小学时代，我就被警察辅导了三次，家庭联络簿的生活栏也糟透了。有一次母亲受不了，竟拿菜刀对着我。

进大学后，我为了培养信心，尝试了五十种以上的兼职工作，进而开始音乐会员工派遣事业，不过一年就解散了。

后来，二十几岁懵懵懂懂地进了一家公司，但完全不受重用，换了好几次工作。二十九岁时创设公司，可是立刻背上债务，关门大吉。再度回去当上班族，还债度日。

"我果然是个废材啊……"

这种思想在心中蔓延开来，但是我没有放弃。

"我不想一辈子就这样默默无闻。"这个想法刺激了我。

于是，在三十二岁时，尽管背后还有一家子要养，但我带着"五千万日元贷款"再次创业。从此，就一如前言所述。

人生苦短，所以才要付诸行动!

人总有一天会死去。在死之前，我们所做的事十分有限。

正因如此，我听从"不想一辈子就这样默默无闻"的心声，开始行动。人生就是你的行动。

这些行动的每一步，都会为你带来信心。同时，也塑造出你这个人。

"现在，这一刻你在想的事""当下正在做的事"决定了一个月后的你。

所以，希望你重视"当下"这个时刻，不要沮丧地认为"我做不到""这不可能成功"。

每获得一次信心，你的人生就会更自由一点，你的生活也会变得更轻松愉快。自信就是"为了赢得自由"的能力。

得到自信后，自由就在前方等着你，真正的人生也在等着你。最后，就让我以一句话作为结束——衷心期盼你能拥有充满自信的生活态度，充满自信的幸福日子。

潮凪洋介